公差配合与技术测量

甄 雯 邰 枫 王 庆 主 编

王 京 苟维杰 马 麟 副主编

科学技术文献出版社

SCIENTIFIC AND TECHNICAL DOCUMENTATION PRESS

·北京·

图书在版编目（CIP）数据

公差配合与技术测量 / 甄雯，邰枫，王庆主编. —北京：科学技术文献出版社，
2015.7
ISBN 978-7-5189-0291-0

Ⅰ.①公… Ⅱ.①甄… ②邰… ③王… Ⅲ.①公差—配合 ②技术测量
Ⅳ.① TG801

中国版本图书馆 CIP 数据核字（2015）第 136240 号

公差配合与技术测量

策划编辑：周国臻 责任编辑：周国臻 赵 斌 责任校对：赵 瑗 责任出版：张志平

出 版 者	科学技术文献出版社	
地 址	北京市复兴路15号 邮编 100038	
编 务 部	(010) 58882938，58882087（传真）	
发 行 部	(010) 58882868，58882874（传真）	
邮 购 部	(010) 58882873	
官 方 网 址	www.stdp.com.cn	
发 行 者	科学技术文献出版社发行 全国各地新华书店经销	
印 刷 者	北京金其乐彩色印刷有限公司	
版 次	2015 年 7 月第 1 版 2015 年 7 月第 1 次印刷	
开 本	787×1092 1/16	
字 数	256千	
印 张	11.75	
书 号	ISBN 978-7-5189-0291-0	
定 价	35.00元	

前　言

　　"公差配合与技术测量"是机械类专业的一门基础课程，多年教学实践表明，在高职高专院校，使用传统教学体系下的教材，进行"灌输式"教学的效果往往不够理想。

　　本教材在编写过程中突出强调了学生在学习中的主体地位，注重理论与实践的紧密联系，既保证了必要、足够的理论知识内容，又增强了理论知识的应用性、实用性；既突出了常见几何参数及典型表面公差要求的解释、设计及标注，又适当地讲述了对几何量的常见检测方法和数据处理的内容。本教材分为 7 个项目，内容力求贴近生产实践和我国高职高专学生实际学习需求。学生在学习时通过若干项目，如查表、读图、标注、设计、检测、练习等完成对有关内容的学习。教材各部分相对独立，既可采用多课时、以学生为中心的教学模式展开教学，又可采用少学时、以教师讲授为主的教学模式展开教学。

　　本教材内容采用国家最新标准，符合设计规范；突出机械现代设计的新方法；内容简洁、实用，侧重应用，并突出实用性和针对性，培养工程的实践能力。本教材适用于高等职业院校机械类、近机械类各专业教学，可供高等院校机械类各专业师生使用，也可作为继续教育院校机械类各专业的教材，以及供从事机械设计、机械制造、标准化、计量测试等工作的工程技术人员参考。

　　参与本教材编写的有北京电子科技职业学院的甄雯、王京、苟维杰、田耘、李延红、孟冬菊、赵海军、马峻、王晗璐，北京工业大学的郐枫、马麟，公安部第一研究所的王庆，河南省新乡职业技术学院的张雪，天津市公用技师学院的胡岚，天津市机电工艺学院的张虹等，全书由甄雯、郐枫、王庆担任主编，负责全书统筹编校工作。

　　本教材在编写过程中参考了一些同类教材，在此对相关单位和作者表示衷心的感谢。由于编者水平有限，书中难免出现疏忽错误之处，敬请各位读者批评指正。

目　　录

项目一　机械零件的尺寸公差及配合

【项目内容】

◆ 机械零件尺寸公差、极限配合相关知识；

◆ 查表学习尺寸公差、极限配合相关国家标准；

◆ 读图、识图、学习机械零件公差配合与选用；

◆ 测量的相关概念，测量器具机械零件长度与角度尺寸。

【知识点与技能点】

◆ 尺寸、偏差、公差的基本概念，公差带图的画法；

◆ 间隙配合、过度配合、过盈配合的特点，配合公差的含义；

◆ 标准公差系列和基本偏差系列的构成；

◆ 基孔制和基轴制的含义、配合选择的基本原则和一般方法；

◆ 标准公差数值表和孔、轴的基本偏差数值表查表方法；

◆ 图样上标注的尺寸公差配合的含义；

◆ 常用长度与角度测量器具的使用方法；

◆ 正确选用合适的测量器具进行长度与角度尺寸的检测；

◆ 使用游标类、螺旋测微类、机械类等测量器具进行长度尺寸的检测。

知识点 1　互换性

现代化机械制造，企业为提高生产效率，往往采用流水线作业进行生产装配，随着传送带的运动，产品各部位的零部件被瓶装，而不需工人对零部件进行选择。那么，如何保证每个零件都能被装上？

我们都知道，无论如何复杂的机械产品，都是由大量的通用标准零件和少数专用零件组成，这些通用标准零件可以由不同厂家制造。这样，产品生产商只需生产关键的专用零件，不仅可以大大减少生产成本，还可以缩短生产周期，及时满足市场需求。同样的疑问，不同厂家生产的零件，如何解决之间的装配问题？

零部件之所以能实现组合装配，因为这些产品零件都具有互换性。在日常生活中，有许多现象涉及互换性，例如：汽车、自行车、手表、电脑中的部件损坏，通过更换新部件便能重新使用；灯泡坏了，只要换个新的就行；仪器设备掉了螺钉，按相同规格更换就可以。

1. 互换性概念

互换性是指机械产品中同一规格的一批零件（或部件），任取其中一件，不需作任何挑选、调整或辅助加工就能进行装配，必能保证满足机械产品的使用性能要求的一种特性。

互换性的分类方法很多，按互换性程度，可分为完全互换和不完全互换。

若零件在装配或更换时，不需选择、调整或辅助加工，则其互换性为完全互换；当装配精度要求较高时，采用完全互换将使零件制作公差很小，加工困难，成本增加。这时将零件加工精度适当降低，使之便于加工，加工完成后，通过测量将零件按实际尺寸的大小分为若干组，两个相同组号的零件相装配，这样既可保证装配精度和使用要求，又能解决加工困难、降低成本。仅同一组内零件有互换性，组与组之间不能互换的特性，称为不完全互换性。

2. 互换性的意义

互换性给产品的设计、制造和使用维修带来了很大的方便。设计方面，由于大量零部件都已标准化、通用化，只要根据需要选用即可，从而大大简化设计过程，缩短设计周期，同样有利于产品多样化和计算机辅助设计。制造方面，互换性有利于组织大规模专业化协作生产，专业化生产有利于采用高科技和高生产率的先进工艺和装备，实现生产过程机械化、自动化，从而提高生产率、提高产品质量、降低生产成本。使用维修方面，零部件具有互换性，可以及时更换损坏的零部件，减少机器的维修时间和费用，延长机器使用寿命，提高使用价值。

3. 互换性的实现条件

既然现代化的生产是按专业化、协作化组织的，必须面临保证互换性的问题。其实，生产时，只需将产品按相互的公差配合原则组织，遵循了国家公差标准，将零件加工后各几何参数（尺寸、形状、位置）所产生的误差控制在一定的范围内，就可以保证零件的使用功能，实现互换性。

公差是零件在设计时规定的尺寸变动范围，在加工时只要控制零件的误差在公差范围内，就能保证零件具有互换性。因此，建立各种几何参数的公差标准是实现对零件误差的控制和保证互换性的基础。而对零件尺寸误差的控制则必须通过机械检测来实现，通过对产品尺寸、性能的检测，判断产品是否合格。合理确定公差与正确检测，是保证产品质量、实现互换性生产的两个必不可少的条件。

 # 知识点 2 标准化和优先数系

1. 标准化及其作用

标准化是以科学、技术和经验的综合成果为基础，对重复性事物和概念通过制定、发布和实施标准，达到统一，在一定的范围内获得最佳秩序和社会效益的活动。

标准分为国家标准、行业标准、地方标准和企业标准。

各标准中的基础标准则是生产技术活动中最基本的、具有广泛指导意义的标准。这类标准具有最一般的共性，因而其通用性最广。例如：极限与配合标准、几何公差标准、表面粗糙度标准等。

在机械制造中，标准化是实现互换性生产、组织专业化生产的前提条件；是提高产品质量、降低产品成本和提高产品竞争能力的重要保证；是消除贸易障碍，促进国际技术交流和贸易发展，使产品打进国际市场的必要条件。随着经济建设和科学技术的发展及国际贸易的扩大，标准化的作用和重要性越来越受到各个国家特别是工业发达国家的高度重视。总之，标准化在实现经济全球化、信息社会化方面有其深远的意义。

2. 优先数和优先数系

机械产品总有自己一系列技术参数，在设计中常会遇到数据的选取问题，几何量公差最终也是数据的选取问题，如：产品分类、分级的系列参数的规定，公差数值的规定等。对各种技术参数值协调、简化和统一是标准化的重要内容。优先数系就是对各种技术参数的数值进行协调、简化和统一的科学数值制度。优先数和优先数系标准是重要的基础标准。

国家标准《GB/T 321—2005 优先数和优先数系》给出了制定标准的数值制度，也是国际上通用的科学数值制度。优先数系是公比为 $\sqrt[5]{10}$、$\sqrt[10]{10}$、$\sqrt[20]{10}$、$\sqrt[40]{10}$、$\sqrt[80]{10}$，分别用 R5、R10、R20、R40、R80 表示，其中前 4 个为基本系列，R80 为补充系列，仅用于分级很细的特殊场合。

表 1-1 中列出了 1～10 范围内基本系列的常用值和计算值，补充系列见表 1-2。可将表中所列优先数乘以 10，100，…或乘以 0.1，0.01，…即可得到所需的优先数，例如：R5系列从 10 开始取数，依次为 10，16，25，40，…

表 1-1　优先数系的基本系列（GB 321—2005）

R5	R10	R20	R40	R5	R10	R20	R40	R5	R10	R20	R40
1.00	1.00	1.00	1.00			2.24	2.24		5.00	5.00	5.00
			1.06				2.36				5.30
		1.12	1.12	2.50	2.50	2.50	2.50			5.60	5.60
			1.18				2.65				6.00
	1.25	1.25	1.25			2.80	2.80	6.30	6.30	6.30	6.30
			1.32				3.00				6.70
		1.40	1.40		3.15	3.15	3.15			7.10	7.10
			1.50				3.35				7.50
1.60	1.60	1.60	1.60			3.55	3.55		8.00	8.00	8.00
			1.70				3.75				8.50
		1.80	1.80	4.00	4.00	4.00	4.00			9.00	9.00
			1.90				4.25				9.50
	2.00	2.00	2.00			4.50	4.50	10.00	10.00	10.00	10.00

表 1-2　补充系列 R80 的优先数

1.00	1.60	2.50	4.00	6.30
1.03	1.65	2.58	4.12	6.50
1.06	1.70	2.65	4.25	6.70
1.09	1.75	2.72	4.37	6.90
1.12	1.80	2.80	4.50	7.10
1.15	1.85	2.90	4.62	7.30
1.18	1.90	3.00	4.75	7.50
1.22	1.95	3.07	4.87	7.75
1.25	2.00	3.15	5.00	8.00
1.28	2.06	3.25	5.15	8.25
1.32	2.12	3.35	5.30	8.50
1.36	2.18	3.45	5.45	8.75
1.40	2.24	3.55	5.60	9.00
1.45	2.30	3.65	5.80	9.25
1.50	2.36	3.75	6.00	9.50
1.55	2.43	3.85	6.15	9.75

优先数系中的所有数都为优先数，即都为符合 R5、R10、R20、R40 和 R80 系列的圆整值。在生产中，为满足用户各种需要，同一种产品的同一参数从大到小取不同的值，从而形成不同规格的产品系列。公差数值的标准化，也是以优先数系来选数值。

知识点 3　尺寸的相关术语

圆柱结合是机械制造中应用最广泛的一种结合，由孔和轴构成。这种结合由结合直径与结合长度两个参数确定。圆柱结合的公差制是机械公差方面重要的基础标准，包括极限制、配合制及量规制等。这些公差制不仅用于圆柱形内、外表面的结合，也适用于其他结合中由单一尺寸确定的部分。项目一结合最新的国家标准，主要介绍极限与配合相关知识内容。

1. 孔和轴

（1）孔（Hole）

通常指工件的圆柱形内表面，也包括非圆柱形内表面（由二平行平面或切面形成的包容面）。

（2）轴（Shaft）

通常指工件的圆柱形外表面，也包括非圆柱形外表面（由二平行平面或切面形成的被包容面）。

孔与轴的显著区别主要在于：从加工方面看，孔是越做越大，轴是越做越小；从装配关系看，孔是包容面，轴是被包容面。在国家标准中，孔与轴不仅包括通常理解的圆柱形内、外表面，还包括其他几何形状的内、外表面中由单一尺寸确定的部分。在图 1-1 中，D_1、D_2、D_3 和 D_4 均可称为孔，而 d_1、d_2、d_3 和 d_4 均可称为轴。

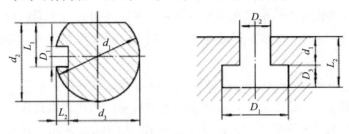

图 1-1　孔与轴

2. 尺寸的基本术语及定义

在国家标准 GB/T 1800.1—2009 "术语及定义"中，规定了有关要素、尺寸、偏差、公差和配合的基本术语和定义。

（1）要素

各要素的含义如图 1-2 所示，其中：A 为公称组成要素，是由设计图样确定的，对应尺寸为公称尺寸；C 为实际（组成）要素，由接近实际（组成）要素（Real（Integral）Feature）所限定的工件实际表面的组成要素部分，由加工得到；D 为提取组成要素（Extracted Integral Feature），由实际（组成）要素提取有限数目的点所形成的实际（组成）要素的近似替代；F 为拟合组成要素（Associated Integral Feature），是由提取组成要素形成并具有理想形状的组成要素。

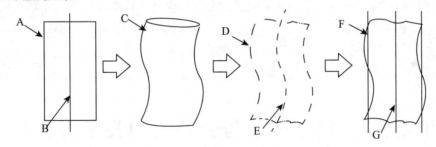

A—公称组成要素；B—公称导出要素；C—实际要素；D—提取组成要素；

E—提取导出要素；F—拟合组成要素；G—拟合导出要素

图 1-2　各要素的含义

（2）尺寸（Size）

以特定单位表示线性尺寸值的数值。如长度、高度、直径、半径等都是尺寸。在工程图样上，尺寸通常以"mm"为单位，标注时可将单位"mm"省略。

1）公称尺寸（Nominal Size）：由图样规范确定的理想形状要素的尺寸，也称为基本尺寸。公称尺寸通常是设计者经过强度、刚度计算，或根据经验对结构进行考虑，并参照标准尺寸数值系列确定的。相配合的孔和轴的基本尺寸应相同，并分别用 D 和 d 表示。

2）提取组成要素的局部尺寸（Local Size of an Extracted Integral Feature）：一切提取

组成要素上两对应点之间距离的统称，简称为提取要素的局部尺寸，以前的标准称为实际尺寸。由于存在测量误差，实际尺寸不一定是被测尺寸的真值。加上测量误差具有随机性，所以多次测量同一处尺寸所得的结果可能是不相同的。同时，由于形状误差的影响，零件的同一表面上的不同部位，其实际尺寸往往并不相等。通常用 D_a 和 d_a 表示孔与轴的实际尺寸。

3）极限尺寸（Limits of Size）：尺寸要素允许（孔或轴允许）的尺寸有两个极端。提取组成要素的局部尺寸应位于其中，也可达到极限尺寸。尺寸要素允许的最大尺寸，称为上极限尺寸，也称为最大极限尺寸，孔用 D_{max} 表示，轴用 d_{max} 表示；尺寸要素允许的最小尺寸，称为下极限尺寸，也称为最小极限尺寸，孔用 D_{min} 表示，轴用 d_{min} 表示。如图 1-3 所示。

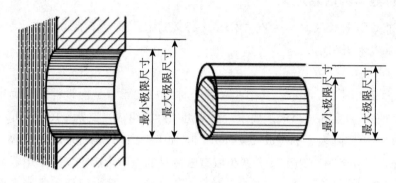

图 1-3 极限尺寸

合格零件的实际尺寸应位于两个极限尺寸之间，也可达到极限尺寸，可表示为：

$$D_{max} \geqslant D_a \geqslant D_{min}（孔）$$
$$d_{max} \geqslant d_a \geqslant d_{min}（轴）$$

知识点 4 尺寸偏差与公差的相关术语

1. 偏差（Deviation）

某一尺寸（实际尺寸、极限尺寸等）减去基本尺寸所得的代数差。

最大极限尺寸减去其基本尺寸所得的代数差称上极限偏差，用代号 ES（孔）和 es（轴）表示；最小极限尺寸减去其基本尺寸所得的代数差称下极限偏差，用代号 EI（孔）和 ei（轴）表示。上偏差和下偏差统称为极限偏差。实际尺寸减去其基本尺寸所得的代数差称实际偏差。偏差可以为正值、负值和零。合格零件的实际偏差应在规定的极限偏差范围内。

$$孔的上极限偏差 \quad ES=D_{max}-D$$
$$孔的下极限偏差 \quad EI=D_{min}-D$$

$$轴的上极限偏差 \quad ei = d_{max} - d$$
$$轴的下极限偏差 \quad es = d_{min} - d$$

2. 尺寸公差（简称公差）（Size Tolerance）

最大极限尺寸减最小极限尺寸之差，或上偏差减下偏差之差。它是允许尺寸的变动量。孔公差用 Th 表示，轴公差用 Ts 表示。用公式可表示为：

$$Th = |D_{max} - D_{min}| \text{ 或 } Th = |ES - EI|$$
$$Ts = |d_{max} - d_{min}| \text{ 或 } Ts = |es - ei|$$

公差是用以限制误差的，工件的误差在公差范围内即为合格。也就是说，公差代表制造精度的要求，反映加工的难易程度。这一点必须与偏差区别开来，因为偏差仅仅表示与基本尺寸偏离的程度，与加工难易程度无关。

3. 零线（Zero Line）

在极限与配合图解中，标准基本尺寸的是一条直线，以其为基准确定偏差和公差。通常，零线沿水平方向绘制，正偏差位于其上，负偏差位于其下，如图 1-4 所示。

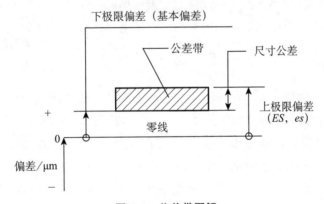

图 1-4　公差带图解

4. 公差带（Tolerance Zone）

在公差带图解中，由代表上极限偏差和下极限偏差或最大极限尺寸和最小极限尺寸的两条直线所限定的一个区域。它是由公差带大小和其相对零线的位置来确定的。如图 1-4 所示。

5. 标准公差（IT）（Standard Tolerance）

国家标准极限与配合制中，所规定的任一公差，称为标准公差。其中，字母 IT 是"国标公差符号"，设计时公差带的大小应尽量选择标准公差，公差带的大小已由国家标准化。

6. 基本偏差（Fundamental Deviation）

国家标准极限与配合制中，确定公差相对零线位置的那个极限偏差，称为基本偏差。

它可以是上极限偏差或下极限偏差，一般为靠近零线的那个偏差。当公差带位于零线的上方时，其下极限偏差为基本偏差；当公差带位于零线的下方时，其上极限偏差为基本偏差。轴与孔的基本偏差数值已标准化，具体见附表 A-1 和附表 A-2。

★试一试★

已知孔、轴的基本尺寸为 $\phi 45mm$，孔的最大极限尺寸为 $\phi 45.030mm$，最小极限尺寸为 $\phi 45mm$；轴的最大极限尺寸为 $\phi 44.990mm$，最小极限尺寸为 $\phi 44.970mm$。试求孔、轴的极限偏差和公差。

孔的上极限偏差 $ES = D_{max} - D = 45.030 - 45 = +0.030$（mm）

孔的下极限偏差 $EI = D_{min} - D = 45 - 45 = 0$

轴的上极限偏差 $es = d_{max} - d = 44.990 - 45 = -0.010$（mm）

轴的下极限偏差 $ei = d_{min} - d = 44.970 - 45 = -0.030$（mm）

孔的公差 $TD = |D_{max} - D_{min}| = |45.030 - 45| = 0.030$（mm）

轴的公差 $Td = |d_{max} - d_{min}| = |44.990 - 44.970| = 0.020$（mm）

 # 知识点 5　配合的相关术语

1. 配合（Fit）

公称尺寸相同，相互结合的孔与轴公差之间的关系，称为配合。所以配合的前提必须是基本尺寸相同，二者公差带之间的关系确定了孔、轴装配后的配合性质。

在机器中，由于零件的作用和工作情况不同，故相结合两零件装配后的松紧程度要求也不一样。如图 1-5 所示 3 个滑动轴承，图 1-5（a）所示，轴直接装入孔座中，要求自由转动且不打晃；图 1-5（c）所示，衬套装在座孔中要紧固，不得松动；图 1-5（b）所示，衬套装在座孔中，虽也要紧固，但要求容易装入，且要求比图 1-5（c）的配合要松一些。国家标准根据零件配合松紧程度的不同要求，将配合分为 3 类。

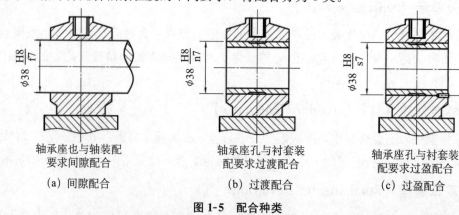

图 1-5　配合种类

（1）间隙配合（Clearance Fit）

间隙是指孔的尺寸减去相配合的轴的尺寸之差为正。此时，孔的公差带在轴的公差带之上。间隙配合是指具有间隙（包括最小间隙等于零）的配合。此时，孔的公差带在轴的公差带之上（如图 1-6 所示）。配合是指一批孔、轴的装配关系，而不是单个孔和轴的相配关系，所以用公差带图解反映配合关系更确切。当孔为最大极限尺寸而轴为最小极限尺寸时，两者之差最大，装配后便产生最大间隙；当孔为最小极限尺寸而轴为最大极限尺寸时，两者之差最小，装配后产生最小间隙。

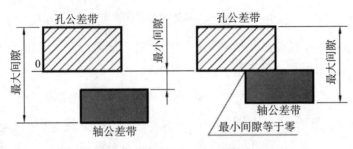

图 1-6　轴承座孔与轴间隙配合

（2）过盈配合（Interference Fit）

过盈是指孔的尺寸减去相配合的轴的尺寸之差为负。此时，轴的公差带在孔的公差带上。过盈配合是指具有过盈（包括最小过盈等于零）的配合。此时孔的公差带在轴的公差带之下（如图 1-7 所示）。

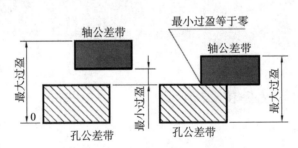

图 1-7　轴承座孔与衬套过盈配合

当孔为最小极限尺寸而轴为最大极限尺寸时，两者之差最大，装配后便产生最大过盈；当孔为最大极限尺寸而轴为最小极限尺寸时，两者之差最小，装配后产生最小过盈。

（3）过渡配合（Transition Fit）

可能具有间隙或过盈的配合，称为过渡配合。此时，孔的公差带与轴的公差带相互交叠（如图 1-8 所示）。由于孔、轴的公差带相互交叠，因此既有可能出现间隙，又有可能出现过盈。

2. 配合公差（Variation of Fit）

组成配合的孔、轴公差之和。它是允许间隙或过盈的变动量。

对于间隙配合，配合公差等于最大间隙与最小间隙之代数差的绝对值；对于过盈配合，

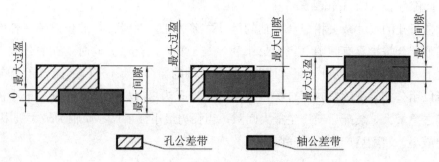

图 1-8　孔与轴的公差带关系图

其值等于最大过盈与最小过盈之代数差的绝对值；对于过渡配合，其值等于最大间隙与最大过盈之代数差的绝对值。

★试一试★

已知 $\phi 50^{+0.025}_{0}$ 的孔与 $\phi 50^{+0.018}_{+0.002}$ 的轴形成配合。试求极限间隙和极限过盈及配合公差。

孔的上极限偏差	$ES=+0.025$	最大极限尺寸	$D_{max}=50.025$
孔的下极限偏差	$EI=0$	最小极限尺寸	$D_{min}=50$
轴的上极限偏差	$es=+0.018$	最大极限尺寸	$d_{max}=50.018$
轴的下极限偏差	$ei=+0.002$	最小极限尺寸	$d_{min}=50.002$
最大间隙	$X_{max}=D_{max}-d_{min}=ES-ei=+0.023$		
最大过盈	$Y_{max}=D_{min}-d_{max}=EI-es=-0.018$		
配合公差	$T_f=X_{max}-Y_{max}=+0.023+0.018=0.041$		

 # 知识点 6　标准公差系列

1. 标准公差因子

在实际生产中，对基本尺寸相同的零件，可按公差大小评定其制造精度的高低，对基本尺寸不同的零件，评定其制造精度时就不能仅看公差大小。实际上，在相同的加工条件下，基本尺寸不同的零件加工后产生的加工误差也不同。要比较基本尺寸不同的零件的加工精度就必须有一个单位，这个单位叫作标准公差因子（或公差单位）。标准公差因子是在标准极限与配合制中用以确定标准公差的基本单位，该因子是基本尺寸的函数，是制定标准公差数值的基础。它不是简单的长度单位 mm 或 μm，而是一个能反映尺寸误差规律的算术表达式。

当基本尺寸≤500mm 时，标准公差因子以 i 表示；当基本尺寸＞500 时，标准公差因子以 I 表示，见表 1-3。

表 1-3　标准公差因子计算公式

公称尺寸（mm）	标准公差因子	适用范围	计算公式	作用
≤500	i	IT5～IT18	$i=0.45+0.001D$	反映加工误差、测量误差的影响
500～3150	I	IT1～IT18	$I=0.004D+2.1$	反映误差出现的规律
>3150	I		$I=0.004D+2.1$	不能完全反映误差出现的规律

2. 公差等级及数值

根据公差系数等级的不同，GB/T 1800.1—2009 把公差等级分为 20 个等级，用 IT/（ISO Tolerance）加阿拉伯数字表示，例如：IT01、IT0、IT1、…、IT17。其中，IT01 最高，等级依此降低，IT18 最低。当其与代表基本偏差的字母一起组成公差带时，省略 IT字母，如 h7。

极限与配合在公称尺寸至 500mm 内规定了 IT01、IT0、IT1 至 IT18 共 20 级，在公称尺寸 500～3150mm 内规定了 IT1 至 IT18 共 18 个标准公差等级。公差等级越高，零件的精度也越高，但加工难度大，生产成本高；反之公差等级越低，零件的精度也越低，但加工难度小，生产成本降低。

3. 尺寸分段

根据标准公差计算公式，每一基本尺寸都对应一个公差值。但在实际生产中基本尺寸很多，因而会形成一个庞大的公差数值表，给生产带来不便，同时也不利于公差值的标准化和系列化。为了减少标准公差的数量，统一公差值，简化公差表格以便于实际应用，国家标准对基本尺寸进行了分段。对于同一尺寸段内的所有公称尺寸，在相同公差等级情况下，规定相同的标准公差。对于同一公差等级，不同公称尺寸分段，表示具有同等精度的要求，公差数值随尺寸增大而增大，这是从实践中总结出来的零件加工误差与其尺寸大小的相互关系。在这种情况下，对于同是孔或同是轴的零件尺寸来说，可采用同样工艺加工，加工的难易程度相当，即工艺上是等价的。

标准公差是由公差等级系数和公差单位的乘积决定的。当公称尺寸≤500mm 的常用尺寸范围内，各公差等级的标准公差数值计算公式见表 1-4。当公称尺寸为 500～3150mm 时的各级标准公差数值计算公式见表 1-5。标准公差数值见附表 A-1。

表 1-4　公称尺寸≤500mm 的标准公差数值计算公式（摘自 GB/T 1800.1—2009）

标准公差等级	计算公式	标准公差等级	计算公式	标准公差等级	计算公式
IT01	$0.3+0.008D$	IT6	$10\,i$	IT13	$250\,i$
IT0	$0.5+0.012D$	IT7	$16\,i$	IT14	$400\,i$
IT1	$0.8+0.02D$	IT8	$25\,i$	IT15	$640\,i$
IT2	$(IT1)\,(IT5/IT1)^{1/4}$	IT9	$40\,i$	IT16	$1000\,i$
IT3	$(IT1)\,(IT5/IT1)^{1/2}$	IT10	$64\,i$	IT17	$1600\,i$
IT4	$(IT1)\,(IT5/IT1)^{3/4}$	IT11	$100\,i$	IT18	$2500\,i$
IT5	$7\,i$	IT12	$160\,i$		

表 1-5 公称尺寸为 500～3150mm 的标准公差数值计算公式（摘自 GB/T 1800.1—2009）

标准公差等级	计算公式	标准公差等级	计算公式	标准公差等级	计算公式
IT01	I	IT6	$10\,I$	IT13	$250\,I$
IT0	$2^{1/2}\,I$	IT7	$16\,I$	IT14	$400\,I$
IT1	$2\,I$	IT8	$25\,I$	IT15	$640\,I$
IT2	$(IT1)\,(IT5/IT1)^{1/4}$	IT9	$40\,I$	IT16	$1000\,I$
IT3	$(IT1)\,(IT5/IT1)^{1/2}$	IT10	$64\,I$	IT17	$1600\,I$
IT4	$(IT1)\,(IT5/IT1)^{3/4}$	IT11	$100\,I$	IT18	$2500\,I$
IT5	$7\,I$	IT12	$160\,I$		

 # 知识点 7　基本偏差系列

　　基本偏差是指在国家标准极限与配合制中，确定公差带相对零线位置的那个极限偏差。它可以是上偏差或下偏差，一般为靠近零线的那个偏差。为了形成不同的配合，国家标准对孔和轴分别规定了 28 种公差带位置，分别由 28 个基本偏差来确定。如图 1-9 所示。

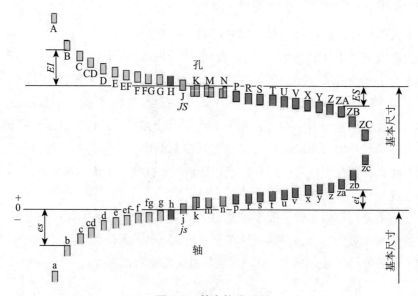

图 1-9　基本偏差系列

1. 代号

　　基本偏差代号用拉丁字母表示，孔用大写字母表示，轴用小写字母表示。其中，基本偏差 H 代表基准孔，h 代表基准轴。H 与 h 的基本偏差值均为零，但分别是下偏差和上偏差，即 H 表示 $EI=0$，h 表示 $es=0$。根据基准制规定，H 是基准孔基本偏差，组成的公差带为基准孔公差带，与其他轴公差带组成基孔制配合；h 是基准轴基本偏差，以它组成的公差带为基准轴公差带，它与孔公差带组成基轴制配合。

2. 基本偏差数值

（1）轴的基本偏差数值

在基孔制的基础上，按照搁置配合要求，根据大量科学试验和生产实践经验，国家标准制订出一系列公式计算并经圆整尾数得出轴的基本偏差数值。具体见附表 A-2。

轴的基本偏差数值通过附表 A-2 确定，另一个偏差则可根据公式进行计算：

$$当公差带在零线下方时\quad ei = es - IT$$

$$当公差带在零线上方时\quad es = ei + IT$$

（2）孔的基本偏差

孔的基本偏差数值则是由轴的基本偏差数值转换而得。换算原则是：在孔、轴同级配合或孔比轴低一级的配合中，基轴制配合中孔的基本偏差代号与基孔制配合中轴的基本偏差代号相当时（如 $\phi80G7/h6$ 中孔的基本偏差 G 对应于 $\phi80H6/g7$ 中轴的基本偏差 g），应该保证基轴制和基孔制的配合性质相同（极限间隙或极限过盈相同）。GB/T 1800.1—2009 规定的公称尺寸≤500mm 孔的基本偏差数值见附表 A-3。

国家标准应用了下列两种规则：通用规则和特殊规则。通用规则指标准公差等级无关的基本偏差用倒像方法，孔的基本偏差与轴的基本偏差关于零线对称；特殊规则指与标准公差等级有关的基本偏差，倒像后要经过修正，即孔的基本偏差和轴的基本偏差符号相反，绝对值相差一个 △ 值。可以用下面的简单表达式说明。

通用规则：$ES = -ei$（适用于代号为 K～ZC 的公差）

$EI = -es$（适用于代号为 A～H 的公差）

特殊规则：$ES = -ei + \Delta$；$\Delta = IT_n - IT_{(n-1)} = ITh - ITs$（适用公称尺寸≤500mm，公差等级不低于 IT8 的 K、M、N 的公差和标准公差等级不低于 IT7 的 P～ZC 的公差）。

根据孔和轴的公称尺寸、基本偏差代号及公差等级，可以从附表 A-3 中查得标准公差及基本偏差数值，从而计算出上、下偏差数值及极限尺寸。

计算公式为：$ES = EI + IT$ 或 $EI = ES - IT$；$ei = es - IT$ 或 $es = ei + IT$。

★试一试★

① 已知某轴 $\phi50f7$，查表计算其上、下偏差及极限尺寸。

从附表 A-1 查得：标准公差 IT7 为 0.025，从附表 A-2 查得上偏差 es 为 -0.025，则：$ei = es - IT = -0.050$

依据查得的上、下偏差可计算其极限尺寸：最大极限尺寸 $= 50 - 0.025 = 49.975$

最小极限尺寸 $= 50 - 0.050 = 49.950$

② 已知某孔 $\phi30K7$，查表计算其上、下偏差及极限尺寸。

从附表 A-1 查得：标准公差 IT7 为 0.021，从附表 A-3 查得上偏差 $ES = (-2 + \Delta)$ μm，其中 $\Delta = 8$μm，所以 $ES = 0.006$，则：$EI = ES - IT = -0.015$。

计算其极限尺寸：最大极限尺寸 $= 30 + 0.006 = 30.006$

最小极限尺寸 $= 30 - 0.015 = 29.985$

注意：上题中如果是基准孔的情况，如ϕ50H7，因为其下偏差EI为0，根据公式$ES=EI+IT$，从附表A-2中查得$IT=25\mu m$，即得$ES=0.025$。若是基准轴如ϕ50h6，因为其上偏差es为0，由公式$ei=es-IT$，从附表A-2中查得$IT=16\mu m$，即得$ei=-0.016$。

 ## 知识点 8 基准制

配合制是以两个相配合的零件中的一个零件为基准件，并对其选定标准公差带，将其公差带位置固定，改变另一个零件的公差带位置，从而形成各种配合的一种制度。国家标准对配合制规定了两种形式：基孔制配合和基轴制配合。

（1）基孔制配合

基本偏差为一定的孔公差带与不同基本偏差的轴公差带形成各种配合的一种制度，称为基孔制。基孔制配合的孔为基准孔，代号为 H，规定基准孔的下偏差为零（图 1-10）。基孔制的几种配合如图 1-11 所示。

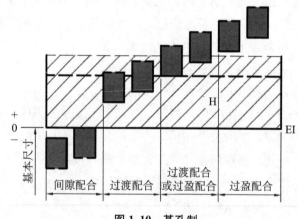

图 1-10 基孔制

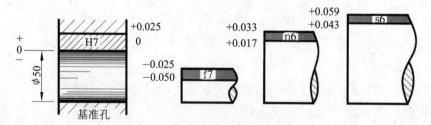

图 1-11 基孔制的几种配合

（2）基轴制配合

基本偏差为一定的轴公差带与不同基本偏差的孔公差带形成各种配合的一种制度，称为基轴制。基轴制配合的轴为基准轴，代号为 h，规定基准轴的上偏差为零（图 1-12）。基轴制的几种配合如图 1-13 所示。

在一般情况下，优先选用基孔制配合。如有特殊要求，允许将任一孔、轴公差带组成配合。

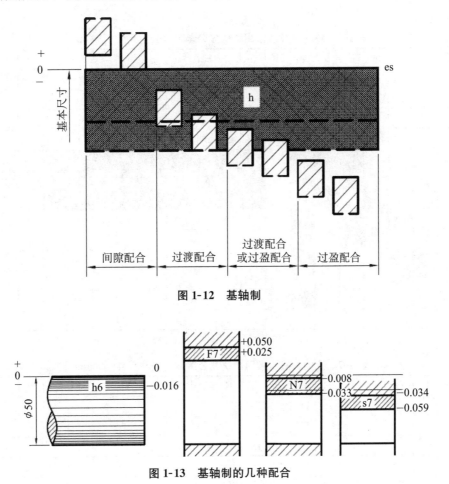

图 1-12 基轴制

图 1-13 基轴制的几种配合

知识点9 常用和优先的尺寸公差带与配合

国家标准 GB/T 1800.1—2009 规定了孔、轴各有 20 个公差等级和 28 种基本偏差，由此理论上讲，可以得到轴的公差带 544 种，孔的公差带 543 种。这么多的公差带如都应用，显然是不经济的，不利于实现互换性。从互换性生产和标准化着想，必须以标准的形式，对孔、轴的配合做出一定范围的规定，国家标准规定了相应的间隙配合、过盈配合和过渡配合这 3 类不同性质的配合，并对组成配合的孔、轴公差带进行推荐。

1. 优先和常用的公差带

国家标准 GB/T 1801—2009 对孔、轴规定了一般、常用和优先公差带（表 1-6 和表 1-7）。国标中列出了孔的一般公差带 105 种，其中常用公差带 44 种，在常用公差带中有优先公差带 13 种；轴的一般公差带 116 种，其中常用公差带 59 种，在常用公差带中有优先公差带 13 种。

表 1-6　轴的一般、常用和优先公差带（公称尺寸≤500mm）

a	b	c	d	e	f	g	h	j	js	k	m	n	p	r	s	t	u	v	x	y	z
							h1		js1												
							h2		js2												
							h3		js3												
						g4	h4		js4	k4	m4	n4	p4	r4	s4						
				f5		g5	h5	j5	js5	k5	m5	n5	p5	r5	s5	t5	u5	v5	x5		
				e6	f6	g6	h6	j6	js6	k6	m6	n6	p6	r6	s6	t6	u6	v6	x6	y6	z6
			d7	e7	f7	g7	h7	j7	js7	k7	m7	n7	p7	r7	s7	t7	u7	v7	x7	y7	z7
		c8	d8	e8	f8	g8	h8		js8	k8	m8	n8	p8	r8	s8	t8	u8	v8	x8	y8	z8
a9	b9	c9	d9	e9	f9		h9		js9												
a10	b10	c10	d10	e10			h10		js10												
a11	b11	c11	d11				h11		js11												
a12	b12	c12					h12		js12												
a13	b13						h13		js13												

■ 常用公差带　　■ 优先公差带

表 1-7　孔的一般、常用和优先公差带（公称尺寸≤500mm）

A	B	C	D	E	F	G	H	J	JS	K	M	N	P	R	S	T	U	V	X	Y	Z
							H1		JS1												
							H2		JS2												
							H3		JS3												
							H4		JS4	K4	M4										
						G5	H5		JS5	K5	M5	N5	P5	R5	S5						
					F6	G6	H6	J6	JS6	K6	M6	N6	P6	R6	S6	T6	U6	V6	X6	Y6	Z6
			D7	E7	F7	G7	H7	J7	JS7	K7	M7	N7	P7	R7	S7	T7	U7	V7	X7	Y7	Z7
		C8	D8	E8	F8	G8	H8	J8	JS8	K8	M8	N8	P8	R8	S8	T8	U8	V8	X8	Y8	Z8
A9	B9	C9	D9	E9	F9		H9		JS9			N9	P9								
A10	B10	C10	D10	E10			H10		JS10												
A11	B11	C11	D11				H11		JS11												
A12	B12	C12					H12		JS12												
							H13		JS13												

■ 常用公差带　　■ 优先公差带

　　选用公差带时，应按优先、常用、一般公差带的顺序选取。若一般公差带中没有满足要求的公差带，则按 GB/T 1800.2—2009 中规定的标准公差和基本偏差组成的公差带来选取。

2. 优先和常用配合

　　GB/T 1801—2009 中还规定了基孔制常用配合 59 种、优先配合 13 种（表 1-8）；基轴制常用配合 47 种，优先配合 13 种（表 1-9）。选用配合时，应按优先、常用的顺序选取。

表 1-8　基孔制优先、常用配合（公称尺寸≤500mm）（GB/T 1800.1—2009）

基准孔	轴																				
	a	b	c	d	e	f	g	h	js	k	m	n	p	r	s	t	u	v	x	y	z
	间隙配合								过渡配合			过盈配合									
H6						H6/f5	H6/g5	H6/h5	H6/js5	H6/k5	H6/m5	H6/n5	H6/p5	H6/r5	H6/s5	H6/t5					
H7						H7/f6	H7/g6	H7/h6	H7/js6	H7/k6	H7/m6	H7/n6	H7/p6	H7/r6	H7/s6	H7/t6	H7/u6	H7/v6	H7/x6	H7/y6	H7/z6
H8					H8/e7	H8/f7	H8/g7	H8/h7	H8/js7	H8/k7	H8/m7	H8/n7	H8/p7	H8/r7	H8/s7	H8/t7	H8/u7				
H8				H8/d8	H8/e8	H8/f8		H8/h8													
H9			H9/c9	H9/d9	H9/e9	H9/f9		H9/h9													
H10			H10/c10	H10/d10				H10/h10													
H11	H11/a11	H11/b11	H11/c11	H11/d11				H11/h11													
H12		H12/b12						H12/h12													

■ 优先配合

注：$\dfrac{\text{H6}}{\text{n5}}$、$\dfrac{\text{H7}}{\text{p6}}$ 公称尺寸≤3mm 和 $\dfrac{\text{H8}}{\text{r7}}$ 公称尺寸≤100mm 时，为过渡配合。

表 1-9　基轴制优先、常用配合（公称尺寸≤500mm）（GB/T 1800.1—2009）

基准轴	孔																				
	A	B	C	D	E	F	G	H	JS	K	M	N	P	R	S	T	U	V	X	Y	Z
	间隙配合								过渡配合			过盈配合									
h5						F6/h5	G6/h5	H6/h5	JS6/h5	K6/h5	M6/h5	N6/h5	P6/h5	R6/h5	S6/h5	T6/h5					
h6						F7/h6	G7/h6	H7/h6	JS7/h6	K7/h6	M7/h6	N7/h6	P7/h6	R7/h6	S7/h6	T7/h6	U7/h6				
h7					E8/h7	F8/h7		H8/h7	JS8/h7	K8/h7	M8/h7	N8/h7									
h8				D8/h8	E8/h8	F8/h8		H8/h8													
h9				D9/h9	E9/h9	F9/h9		H9/h9													
h10				D10/h10				H10/h10													
h11	A11/h11	B11/h11	C11/h11	D11/h11				H11/h11													
h12		B12/h12						H12/h12													

■ 优先配合

3. 线性尺寸的未注公差（一般公差）

一般公差是指在车间普通工艺条件下机床设备一般加工能力可保证的公差。在正常维护和操作情况下，它代表车间一般加工的经济加工精度。采用一般公差的优点如下：

1）简化制图，使图面清晰易读。

2）节省图样设计时间，提高效率。

3）突出了图样上注出公差的尺寸，这些尺寸大多是重要且需要加以控制的。

4）简化检验要求，有助于质量管理。一般公差适用于以下线性尺寸：长度尺寸，包括孔、轴直径、台阶尺寸、距离、倒圆半径和倒角尺寸等；工序尺寸，零件组装后，再经过加工所形成的尺寸。

GB/T 1804—2000 对线性尺寸的未注公差规定了 4 个公差等级：精密级、中等级、粗糙级和最粗级，分别用字母 f、m、c 和 v 来表示。而对尺寸也采用了大的分段。这 4 个公差等级相当于 IT12、T14、IT16、IT17，见表 1-10。

表 1-10 线性尺寸的极限偏差数值 单位：mm

公差等级	基本尺寸分段							
	0.5～3	>3～6	>6～30	>30～120	>120～400	>400～1000	>1000～2000	>2000～4000
精密 f	± 0.05	± 0.05	± 0.1	± 0.15	± 0.2	± 0.3	± 0.5	—
中等 m	± 0.1	± 0.1	± 0.2	± 0.3	± 0.5	± 0.8	± 1.2	±2
粗糙 c	± 0.2	± 0.3	± 0.5	± 0.8	± 1.2	± 2	± 3	±4
最粗 v	—	± 0.5	± 1	± 1.5	± 2.5	± 4	± 6	±8

当采用一般公差时，在图样上只注基本尺寸，不注极限偏差，而在图样的技术要求或有关文件中，用标准号和公差等级代号做出总的说明。当选用中等级 m 时，则表示为 GB/T 1804-m。

一般公差主要用于精度较低的非配合尺寸，一般可以不检验。当生产方和使用方有争议时，应以表中查得的极限偏差作为依据来判断其合格性。

知识点 10　公差与配合的选用

公差与配合的选择是机械设计与制造中的重要环节。公差与配合的选择是否恰当，对产品的性能、质量、互换性和经济性有着重要的影响。其内容包括选择基准制、公差等级和配合种类 3 个方面。选择的原则是在满足要求的条件下能获得最佳的技术经济效益。选择的方法有计算法、实验法和类比法。一般使用的方法是类比法。

计算法是按一定的理论和公式，通过计算确定公差与配合，其关键是要确定所需间隙或过盈。由于机械产品的多样性与复杂性，因此理论计算是近似的，目前只能作为重要的参考。

实验法就是通过专门的试验或统计分析来确定所需的间隙或过盈。用实验法选取配合最为可能，但成本较高，故一般只用于重要的、关键性配合的选取。

类比法是以经过生产验证的，类似的机械、机构和零部件为参考，同时考虑所设计机器的使用条件来选取公差与配合，也就是凭经验来选取公差与配合。类比法是选择公差与配合的主要方法。

1. 基准制的选择

国家标准规定有基孔制与基轴制两种基准制度。两种基准制即可得到各种配合，又统一了基准件的极限偏差，从而避免了零件极限尺寸数目过多和不便制造等问题。选择基准制时，应从结构、工艺性及经济性几个方面综合考虑。

（1）优先选用基孔制

优先选用基孔制主要是从工艺上和宏观经济效益来考虑的。选用基孔制可以减少孔用定值刀具和量具的规格数目，有利于刀具、量具的标准化和系列化，具有较好经济性。

（2）选用基轴制的场合

1）在同一基本尺寸的轴上有不同配合要求，考虑到若轴为无阶梯的光轴则加工工艺性好（如发动机中的活塞销等，如图 1-14 所示），此时采用基轴制配合。

图 1-14 （a）所示的活塞部件，活塞销 1 的两端与活塞 2 应为过渡配合，以保证相对静止；活塞销 1 的中部与连杆 3 应为间隙配合，以保证可以相对转动，而活塞销各处的基本尺寸相同，这种结构就是同一基本尺寸的轴与多孔相配，且要求实现两种不同的配合。若按一般原则采用基孔制配合，则活塞销要做成两头大、中间小的台阶形，如图 1-14 （b）所示。这样不仅给制造上带来困难，而且在装配时，也容易刮伤连杆孔的工作表面。如果改用基轴制配合，则活塞销就是一根光轴，而活塞 2 与连杆 3 的孔按配合要求分别选用不同的公差带（例如 $\phi30M6$ 和 $\phi30H6$），以形成适当的过渡配合（$\phi30M6/h5$）和间隙配合（$\phi30H6/h5$），其尺寸公差带如图 1-14 （c）所示。

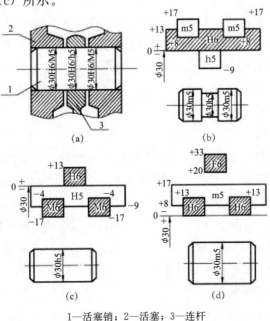

1—活塞销；2—活塞；3—连杆

图 1-14　活塞、连杆、活塞销配合制选择

2）直接使用有公差等级要求不高，不再进行机械加工的冷拔钢材（这种钢材是按基准轴的公差带制造）做轴。在这种情况下，当需要各种不同的配合时，可选择不同的孔公差带位置来实现。这种情况应用在农业机械、纺织机械、建筑机械等使用的长轴。

3）加工尺寸小于 1mm 的精密轴比加工同级孔要困难，因此在仪器制造、钟表生产、无线电工程中，常使用经过光轧成形的钢丝直接做轴，这时采用基轴制较经济。

（3）与标准件配合

与标准件或标准部件配合的孔或轴，应以标准件为基准件来确定采用基孔制还是基轴制。例如，滚动轴承的外圈与壳体孔的配合应采用基轴制，而其内圈与轴径的配合则是基孔制。

（4）允许采用非基准制配合

非基准制配合是指相配合的孔和轴，孔不是基准孔 H，轴也不是基准轴 h 的配合。最为典型的是轴承盖与轴承座孔的配合。如图 1-15 所示，在箱体孔中装配有滚动轴承和轴承盖，有滚动轴承是标准件，它与箱体孔的配合是基轴制配合，箱体孔的公差带已由此而确定为 J7，这时如果轴承盖与箱体孔的配合坚持用基轴制，则配合为 J/h，属于过渡配合。但轴承盖需要经常拆卸，显然应该采用间隙配合，同时考虑到轴承盖的性能要求和加工的经济性，轴承盖配合尺寸采用 9 级精度，最后选择轴承盖与箱体孔的配合为 J7/e9。

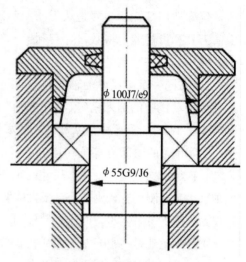

图 1-15 非基准制配合

2. 公差等级的选用

公差等级的高低代表了加工的难易程度，因此确定公差等级就是确定加工尺寸的制造精度。合理地选择公差等级，就是要解决机械零件、部件的使用要求与制造工艺成本之间的矛盾。确定公差等级的基本原则是，在满足使用要求的前提下，尽量选用较低的公差等级。公差等级的选用一般采用类比法，参考从生产实践中总结出来的经验资料，进行比较选用。选择时应考虑以下方面。

（1）孔和轴的工艺等价性

孔和轴的工艺等价性是指孔和轴加工难易程度应相同。在常用尺寸段内，对间隙配合和过渡配合，孔的公差等级高于或等于 IT8 级时，轴比孔应高一级，如 H8/g7，H7/n6。当孔的精度低于 IT8 级时，孔和轴的公差等级应取同一级，如 H9/d9。对过盈配合，孔的公差等级高于或等于 IT7 级时，轴应比孔高一级，如 H7/p6，而孔的公差等级低于 IT7 级时，孔和轴的公差等级应取同一级，如 H8/s8。这样可以保证孔和轴的工艺等价性。实践中也允许任何等级的孔、轴组成配合。

（2）相关件和配合件的精度

例如，齿轮孔与轴的配合，它们的公差等级取决于相关件齿轮的精度等级。与滚动轴承配合的轴径和外壳孔的精度等级取决于滚动轴承的精度等级。

（3）加工成本

要掌握各种加工方法能够达到的精度等级，结合零件加工工艺综合考虑选择公差等级。各种加工方法能够达到的公差等级见表 1-11，可供设计时参考。

表 1-11　各种加工方法能够达到的公差等级

加工方法	公差等级（IT）																			
	01	0	1	2	3	4	5	6	7	8	9	10	11	12	13	14	15	16	17	18
研磨	●	●	●	●	●	●	●													
珩磨						●	●	●	●											
圆磨							●	●	●											
平磨							●	●	●	●										
金刚石车							●	●	●	●										
金刚石镗							●	●	●											
拉削							●	●	●	●										
铰孔								●	●	●	●	●								
车									●	●	●	●	●							
镗									●	●	●	●	●							
铣										●	●	●	●							
刨、插												●	●							
钻削												●	●	●	●					
滚压、挤压												●	●							
冲压												●	●	●	●	●				
压铸													●	●	●	●				
粉末冶金成形								●	●											
粉末冶金烧结									●	●	●									
砂型铸造																		●	●	●
锻造																	●	●		

我们应该结合工件的加工方法根据该加工方法的经济加工精度确定公差等级。

（4）常用尺寸公差等级的应用

表 1-12　公差等级的应用

应用	公差等级（IT）																			
	01	0	1	2	3	4	5	6	7	8	9	10	11	12	13	14	15	16	17	18
量块	●	●	●																	
量规			●	●	●	●	●	●	●											
配合尺寸							●	●	●	●	●	●	●	●	●					
特别精密配合				●	●	●	●													
非配合尺寸														●	●	●	●	●	●	●
原材料尺寸										●	●	●	●	●	●	●	●	●	●	●

3. 配合的选用

配合的选用就是要解决结合零件孔与轴在工作时的相互关系，以保证机器正常工作。在设计中，应根据功能要求，尽量选用优先配合和常用配合，如不能满足要求，可选用一般用途的孔、轴公差带组成配合。甚至当特殊要求时，可以从标准公差和基本偏差中选取合适的孔、轴公差带组成配合。功能要求及对应的配合类型见表 1-13，可按表中的情况进行。

表 1-13　配合类型应用范围

结合件的工作情况			配合类型
有相对运动	只有移动		间隙较小的间隙配合
	转动或与移动的复合运动		间隙较大的间隙配合
无相对运动	传递扭矩	要求精确同轴 永久结合	过盈配合
		要求精确同轴 可拆结合	过渡配合或间隙最小的间隙配合加紧固件
		不需要精确同轴	间隙较小的间隙配合加紧固件
	不传递扭矩		过渡配合或过盈小的过盈配合

注：紧固件指键、销钉和螺钉等。

（1）配合性质的判别及应用

基孔制：基孔制配合的孔是 H，a～h 与 H 形成间隙配合；j 和 js 与 H 形成过渡配合；k～n 与 H 形成过渡配合或过盈配合；p～zc 和 H 形成过盈配合或过渡配合。

例如：ϕ50H8/f7 是间隙配合，ϕ40H7/n6 是过渡配合，ϕ30H7/r6 是过盈配合。

基轴制：基轴制配合的轴是 h，A～H 与 h 形成间隙配合；J 和 JS 与 h 形成过渡配合；K～N 与 h 形成过渡配合或过盈配合；P～ZC 和 h 形成过盈配合或过渡配合。

例如：E8/h8 是间隙配合；M7/h6 是过渡配合；P7/h6 是过盈配合。

对于非基准制配合，主要根据相配合的孔和轴的基本偏差判别配合性质。如ϕ40J7/f9，J 的基本偏差是上偏差（正值），而 f 的基本偏差是上偏差（负值），据此基本上可判定孔的公差带在轴的公差带以上，所以该配合是间隙配合。

（2）配合特征及其应用

表 1-14 介绍了常用轴的基本偏差选用说明，表 1-15 为优先配合选用说明。可供配合选用时参考。当选定配合之后，需要按工作条件，并参考机器或机构工作时结合件的相对位置状态、承载情况、润滑条件、温度变化、配合的重要性、装卸条件以及材料的物理机械性能等，根据具体条件，对配合的间隙或过盈的大小进行修正，参考表 1-16。

表 1-14　常用轴的基本偏差选用说明

配合	基本偏差	特征及应用
间隙配合	a、b	可得到特别大的间隙，应用很少
	c	可得到很大的间隙，一般用于缓慢、松弛的动配合，以及工作条件较差（如农业机械），受力变形，或为了便于装配而必须保证有较大间隙的地方
	d	一般用于 IT7～IT11 级，适用于松的转动配合，如密封盖、滑轮等与轴的配合，也适用于大直径滑动轴承配合
	e	多用于 IT7～IT9 级，通常用于要求有明显间隙，易于转动的轴承配合，如大跨距轴承，多支点轴承等配合，高等级的 e 轴适用于高速重载支承

配合	基本偏差	特征及应用
间隙配合	f	多用于 IT6~IT8 级的一般转动配合,当温度影响不大时,广泛用于普通润滑油润滑的支承,如齿轮箱、小电动机、泵等的转轴与滑动轴承的配合
	g	间隙很小,制造成本高,除很轻负荷的精密装置外,不推荐用于转动配合。多用于 IT5~IT7 级,最适合不回转的精密滑动配合
	h	多用于 IT4~IT11 级,广泛用于无相对转动的零件,作为一般的定位配合。若无温度、变形影响,也用于精密滑动配合
过渡配合	js	偏差完全对称,平均间隙较小,多用于 IT4~IT7 级,要求间隙比 h 轴小,并允许略有过盈的配合,如联轴节、齿圈与钢制轮毂,可用木槌装配
	k	平均间隙接近于零的配合,适用于 IT4~IT7 级,推荐用于稍有过盈的定位配合,一般用木槌装配
	m	平均过盈较小的配合,适用于 IT4~IT7 级,一般用木槌装配,但在最大过盈时,要求有相当的压入力
	n	平均过盈比 m 轴稍大,很少得到间隙,适用于 IT4~IT7 级,用锤或压力机装配,一般推荐用于紧密的组件配合,H6/n5 的配合为过盈配合
过盈配合	p	与 H6 或 H7 配合时是过盈配合,与 H8 配合时则为过渡配合。对非铁类零件,为较轻的压入配合,当需要时易于拆卸,对钢、铸铁或铜钢组件装配是标准压入配合
	r	对铁类零件为中等打入配合,对非铁类零件,为轻打入的配合。当需要时可以拆卸,与 H8 孔配合,直径在 100mm 以上时为过盈配合,直径小时为过渡配合
	s	用于钢和铁制零件的永久、半永久装配,可产生相当大的结合力。当用弹性材料,如轻合金,配合性质与铁类零件的 p 轴相当,如套环压装在轴上。尺寸较大时,为了避免损伤配合表面,需用热胀或冷缩装配
	t	过盈较大的配合。对钢和铸铁零件适于做永久性结合,不用键可传递力矩,需用热胀或冷缩装配,如联轴节与轴的配合
	u	过盈大,一般应验算在最大过盈时,工件材料是否损坏,用热胀或冷缩装配,如火车轮毂与轴的配合
	v、x、y、z	过盈很大,须经试验后才能应用,一般不推荐

表 1-15 优先配合选用说明

优先配合		说明
基孔制	基轴制	
$\dfrac{H11}{c11}$	$\dfrac{C11}{h11}$	间隙非常大,用于很松、转动很慢的间隙配合,或装配方便的很松的配合
$\dfrac{H9}{d9}$	$\dfrac{H9}{h9}$	间隙很大的自由转动配合,用于精度要求不高,或有大的温度变化、高转速或大的轴径压力时
$\dfrac{H8}{f7}$	$\dfrac{F8}{h7}$	间隙不大的转动配合,用于中等转速与中等轴颈压力的精确转动,或装配较容易的中等定位配合
$\dfrac{H7}{g6}$	$\dfrac{G7}{h6}$	间隙很小的滑动配合,用于不希望自由转动,但可自用移动和滑动并精密定位时,也可用于要求明确的定位配合
$\dfrac{H7}{h6}\ \dfrac{H8}{h7}$ $\dfrac{H9}{h9}\ \dfrac{H11}{h11}$	$\dfrac{H7}{h6}\ \dfrac{H8}{h7}$ $\dfrac{H9}{h9}\ \dfrac{H11}{h11}$	均为间隙定位配合,零件可自由拆卸,而工作时,一般相对静止不动,在最大实体条件下的间隙为零,在最小实体条件下的间隙由标准公差决定

优先配合		说明
基孔制	基轴制	
$\dfrac{H7}{k6}$	$\dfrac{K7}{h6}$	过渡配合，用于精密定位
$\dfrac{H7}{n6}$	$\dfrac{N7}{h6}$	过渡配合，用于允许有较大过盈的更精密定位
$\dfrac{H7}{p6}$	$\dfrac{P7}{h6}$	过盈定位配合，即小过盈配合，用于定位精度特别重要时，能以最好的定位精度达到部件的刚性及对中要求
$\dfrac{H7}{s6}$	$\dfrac{S7}{h6}$	中等压入配合，适用于一般钢件、薄壁件的冷缩配合及铸铁件可得到最紧的配合
$\dfrac{H7}{u6}$	$\dfrac{U7}{h6}$	压入配合，适用于可以承受高压入力的零件或不宜承受压入力的冷缩配合

表 1-16　工作情况对过盈和间隙的影响

具体情况	过盈应增大或减小	间隙应增大或减小
材料强度低	减小	—
经常拆卸	减小	—
有冲击载荷	增大	减小
工作时孔温高于轴温	增大	减小
工作时轴温高于孔温	减小	增大
配合长度增大	减小	增大
配合面形状和位置误差增大	减小	增大
装配时可能歪斜	减小	增大
旋转速度增高	减小	增大
有轴向运动	—	增大
润滑油黏度增大	—	增大
表面趋向粗糙	增大	减小
装配精度高	增大	减小

（3）用类比法确定配合的松紧程度时应考虑的因素

1）孔和轴的定心精度要求，相互配合的孔、轴定心精度要求高时，过盈量应大些，甚至采用小过盈配合。

2）孔和轴的拆装要求，经常拆装零件的孔和轴的配合，要比不经常拆装零件的松些。有时，零件虽然不经常拆装，但如拆装困难，也要选用较松的配合。

3）过盈配合中的受载情况，如用过盈配合传递转矩，过盈量应随着负载增大而增大。

4）孔和轴工作时的温度，当装配温度与工作温度差别较大时，应考虑热变形对配合性质的影响。

5）配合件的结合长度和形位误差，若配合的结合长度较长时，由于形状误差的影响，实际形成的配合比结合面短的配合要紧些，所以应适当减小过盈或增大间隙。

6）装配变形，针对一些薄壁零件的装配，要考虑装配变形对配合性质的影响，乃至从工艺上解决装配变形对配合性质的影响。

7）生产类型，单件小批生产时加工尺寸呈偏态分布，容易使配合偏紧；大批大量生产的加工尺寸呈正态分布。所以要区别生产类型对松紧程度进行适时调整。

8）尽量采用优先配合。

知识点 11　尺寸公差与配合代号的标注

在机械图样中，尺寸公差与配合的标注应遵守国家标准规定，现摘要叙述。

1. 在零件图中的标注

在零件图中标注孔、轴的尺寸公差有下列 3 种形式。

1）在孔或轴的基本尺寸的右边注出公差带代号（图 1-16）。孔、轴公差带代号由基本偏差代号与公差等级代号组成（图 1-17）。

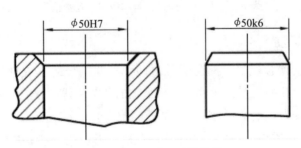

图 1-16　标注公差带代号

图 1-17　公差带代号的形式

2）在孔或轴的基本尺寸的右边注出该公差带的极限偏差数值（图 1-18（b）），上、下偏差的小数点必须对齐，小数点后的位数必须相同。当上偏差或下偏差为零时，要注出数字"0"，并与另一个偏差值小数点前的一位数对齐（图 1-18（a））。

若上、下偏差值相等，符号相反时，偏差数值只注写一次，并在偏差值与基本尺寸之间注写符号"±"，且两者数字高度相同（图 1-18（c））。

3）在孔或轴的基本尺寸的右边同时注出公差带代号和相应的极限偏差数值，此时偏差

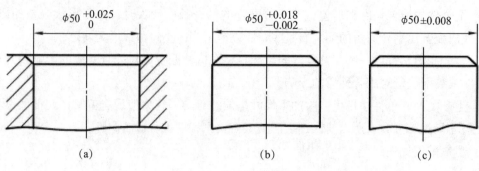

图 1-18　标注极限偏差数值

数值应加上圆括号（图 1-19）。

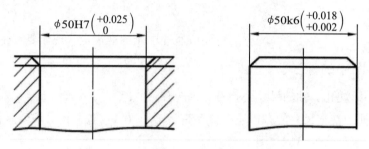

图 1-19　标注公差带代号和极限偏差数值

2. 装配图中的标注

装配图中一般标注配合代号，配合代号由两个相互结合的孔或轴的公差带代号组成，写成分数形式，分子为孔的公差带代号，分母为轴的公差带代号（图 1-20）。

ϕ50H7/k6 的含义为：基本尺寸ϕ50，基孔制配合，基准孔的基本偏差为 H，等级为 7 级；与其配合的轴基本偏差为 k，公差等级为 6 级，图 1-20 中ϕ50F8/h7 是基轴制配合。

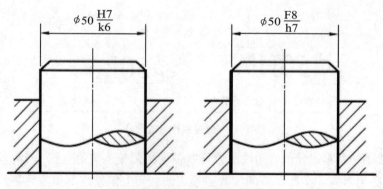

图 1-20　装配图中一般标注方法

知识点 12 零件长度与角度尺寸的测量

1. 测量的有关概念

（1）测量与检验

技术测量就是研究对零件的几何参数进行测量或检验的一门技术。测量就是通过被测量与标准量（计算单位）进行比较，确定被测量的量值。检验就是确定被测几何量是否在规定的极限范围内，判断零件的合格性，而不需要得出具体的量值。

一个完整的测量过程应包括以下 4 个要素。

1）被测对象：测量对象的表现形式多样，如孔和轴的直径、槽的宽度和深度、螺纹的螺距、表面粗糙度、零件表面的几何误差等，都属于长度测量。

2）计量单位：我国采用国际单位制，长度单位是米（m），机械行业常用单位是毫米（mm）。

3）测量方法：计量器具的比较步骤、方法、检测条件的总称。

4）测量误差：测量误差指测量结果与被测要素实际值的差。实际上，由于测量误差的存在，测量得到的结果不可能是被测要素的真值，而只是被测要素的近似值。因此，实际生产中，保证测量质量、避免废品产生，同时提高效率、降低测量成本是检测工作的重要目的。

（2）测量误差

在测量过程中，由于计量器具本身的误差及测量方法和测量条件的限制，任何一次测量的测得值都不可能是被测几何量的真值，两者之间存在的这种差异在数值上表现为测量误差。

测量误差有下列两种形式。

1）绝对误差（绝对值）：指测量值 X 与真实值 X_0 之差的绝对值，记为 δ。

2）相对误差（％）：指绝对误差 δ 在真实值 X_0 中所占的百分率，即测量的绝对误差与被测量真值之比乘以 100％ 所得的数值，是一个无量纲的数据，以百分数表示。

由于测量值的真值是不可知的，因此提到相对误差，一般指的是相对误差可能取得的最大值（上限）。导致测量误差的因素很多，主要有计量器具的误差、测量方法误差、测量环境误差、人员误差。测量误差按其性质分为系统误差、随机误差和粗大误差。系统误差是指在一定测量条件下，多次测量同一量时，误差的大小和符号均保持不变或按一定规律变化的误差；随机误差是指在一定测量条件下，多次测量统一量值时，其数值大小和符号已不可预定的方式变化的误差，它是由于测量中的不稳定因素综合形成的，是不可避免的，随机误差的大小可通过对测量结果的分析确定；粗大误差是指在测量过程中看错、读错、记错及突然的冲击震动而引起的测量误差。

（3）精度、正确度、准确度与测量误差

测量的精密度、准确度、精确度都是评价测量结构优劣程度的标志，与测量误差有关。

测量精度是指测得值与其真值的接近程度。准确度是指测量数据与真值靠近的程度。精确度是测量数据精密度与准确度的结合。测量精度和测量误差从两个不同角度说明了同一个概念。因此，可用测量误差的大小来表示精度的高低。测量误差越小，则测量精度就越高；反之，测量精度就越低。图 1-21 所示为测量精度的几个概念。

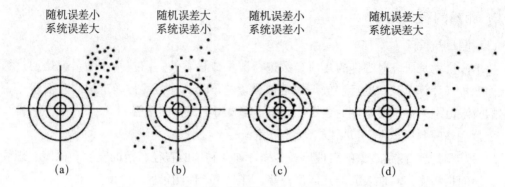

图 1-21　测量精度的几个概念

以射击打靶为例，在图 1-21（a）中，弹着点较集中，彼此间符合得好，但都偏离靶心较远，类比于精密度高而正确度低的情形；在图 1-21（b）中，弹着点很分散，但没有固定的偏向，其平均位置在靶心附近，类比于正确度高而精密度低的情形；在图 1-21（c）中，弹着点在靶心附近且很集中，类比于准确度高的情形；在图 1-21（d）中，弹着点既分散又有较大的固定偏向，类比于精密度与正确度都不高的情形。

由此可见，精密度对应随机误差的影响，正确度对应系统误差的影响，准确度（精确度）同时受随机误差和系统误差的影响。精密度高正确度不一定高，正确度高精密度也不一定高，但精确度高时，精密度和正确度必定都高。保证测量精度的措施包括：正确选择工具或测量方法，合理确定测量工具的不确定度，合理使用测量工具，采用多次重复测量。

2. 测量器具的类型

测量器具包括测量工具（量具）和测量仪器（量仪）两大类。测量工具是直接测量几何量的测量器具，不具有传动放大系统，如游标卡尺、90°角尺、量规等。具有传动放大系统的计量器具统称测量仪器，如机械比较仪、投影仪、测长仪等。计量器具按结构特点可分为以下几种。

（1）标准测量工具

标准测量工具是以固定形式复现测量值的计量工具，一般比较简单，没有量值放大系统。标准测量工具有的可以单独使用，有的必须与其他计量器具配合使用。

测量工具依其复现的测量数值分为单值测量和多值测量工具。单值测量工具用来复现单一测量数据，是测量时体现标准量的测量器具，通常用来校对和调整其他计量器具，如直角尺、量块等。多值测量工具用来复现一定范围内的一系列不同测量数值的测量工具，又称为通用计量工具。通用测量工具按结构特点可分为 3 种：① 固定刻线测量工具，如钢直尺、角度尺、圈尺等；② 游标测量工具，如游标卡尺、万能角度尺等；③ 螺旋测微工具，包括外径千分尺、内径千分尺等。

（2）量规

一种没有刻度的专用测量器具，用于检验机械零件要素实际形状、位置是否处于规定范围内，不能得出具体测量数据，只能判断零件是否合格，主要有各种极限量规。

（3）测量仪器

测量仪器是指通过一定传动放大系统将被测几何量转化为可以直接观测的指示值的计量器具，按结构和工作原理可分为以下 5 种。

1）机械式计量器具：指通过机械结构实现对被测量的感应、传递和放大的计量器具，如机械式比较仪、指示表和扭簧比较仪等。

2）光学式计量器具：指用光学方法实现对被测量的转换和放大的计量器具，如光学比较仪、投影仪、自准直仪、工具显微镜、光学分度头、干涉仪等。

3）气动式计量器具：指靠压缩空气通过气动系统的状态（流量或压力）变化来实现对被测量的转换的计量器具，如水柱式和浮标式气动量仪等。

4）电动式计量器具：指将被测量通过传感器转变为电量，再经变换而获得读数的计量器具，如电动轮廓仪、电感测微仪、圆度仪等。

5）光电式计量器具：指利用光学方法放大或瞄准，通过光电组件在转换为电量进行检测，以实现对几何量测量的计量器具，如光电显微镜、光电测长仪等。

（4）计量装置

计量装置是指为确定几何量数值所必需的计量器具和辅助设备，一般结构较为复杂、功能较多，能用来测量较多的几何量和较复杂的零件，可以实现自动化和智能化，检测精度较高，多用于大批量零件的检测，如齿轮综合精度检查仪、发动机缸底孔集合精度测量仪等。

3. 常用测量器具的使用

在各种几何量的测量中，长度测量是最基础的。几何量中形状、位置、表面粗糙度等误差的测量大都是以长度值来表示的，它们测量的实质仍然是以长度测量为基础。因此，许多通用性的长度测量器具并不限于测量简单的长度尺寸，它们也常使用在形状和位置误差等的测量中。

长度尺寸的测量方法很多，可以从不同角度分类。

1）按读数是否为被测量的整个量值，可将测量方法分为绝对测量和相对测量。用游标卡尺、千分尺测尺寸，读数值为被测量的整个量值，为绝对测量；用机械测微仪测量时，先用量块调整仪器零位，然后测量被测量，读数值是被测量对已知量块尺寸的偏离值，属于相对测量。一般相对测量精度比绝对测量精度高。

2）按取得结果的方法，可将测量方法分为直接测量与间接测量。用游标卡尺、千分尺、机械测微仪直接从计量器具上所获得的被测量的量值都属于直接测量；用弓高弦长规等测量，其读数值与被测量有一定函数关系，为间接测量。为减少测量误差，一般多采用直接测量，必要时采用间接测量。

3）按同时测量的参数多少，测量可分为单项测量与综合测量。综合测量测量效率高，多用于产品合格性检验，单项测量用于加工工艺分析。

4）按计量器具测头是否与被测件接触，测量可分为接触测量与非接触测量，如用光切显微镜测量表面粗糙度属于非接触式测量，用游标卡尺、千分尺测量工件长度属于接触式测量。接触式测量有测量力，测量力大小要合适；非接触式测量无测量力，不会引起工件变形。

此外，按测量在加工过程中所起的作用，测量可分为主动测量和被动测量；按被测量在测量过程中的状态，测量可分为静态测量和动态测量；按决定测量结果的因素或条件是否改变，测量可分为等精度测量和不等精度测量等。

在进行检测时，要针对零件不同的结构特点和精度要求采用不同的计量器具。对于大批量生产，多采用专用量规检验，以提高检测效率。对于单件或小批量生产，则常用通用计量器具进行检测。在实际生产中，长度的测量方法和使用的计量器具种类很多，下面介绍常用通用计量器具及其使用。

（1）钢直尺、卡钳、塞尺及半径规

钢直尺是最简单的长度测量工具，规格有 150mm、30mm、500mm、1000mm 等多种，其测量精度较低。内、外卡钳是最简单的比较测量工具，外卡钳用于测量外径和平面，内卡钳用于测量内径和凹槽。

钢直尺和内、外卡钳一般用于精度要求较低的尺寸（如毛坯尺寸）的测量，它们是除游标卡尺、千分尺之外，在实际生产中最常用的几种长度测量工具，如图 1-22 所示。

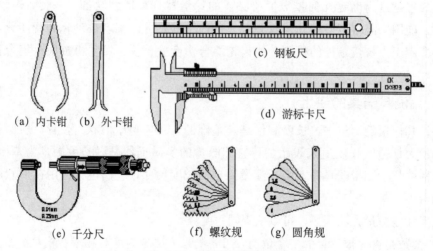

(a) 内卡钳　(b) 外卡钳　(c) 钢板尺　(d) 游标卡尺　(e) 千分尺　(f) 螺纹规　(g) 圆角规

图 1-22　常用长度测量工具

内、外卡钳本身不能直接给出测量数据，用内、外卡钳测量时，须借助直尺来读数，如图 1-23 所示。

塞尺又称厚薄规（图 1-24 (a)），是一种界限量具，主要用于测量机器两件结合面间的间隙大小。半径规（图 1-24 (b)）是利用光隙法测量圆弧半径的工具。测量时必须使尺规的测量面与工件的圆弧完全紧密接触，当测量面与工件的圆弧中间没有间隙时，工件的圆弧度数则为此时对应的尺规上所表示的数字。由于是目测，故准确度不是很高，只能做定性测量。

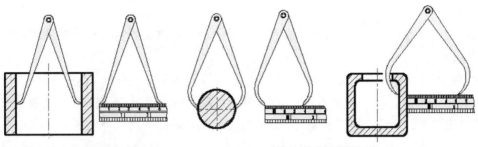

（a）用内卡钳测量工件　　　　　　　（b）用外卡钳测量工件

图 1-23　用内、外卡钳测工件

（a）　　　　　　　　　　　　　　（b）

图 1-24　塞尺与半径规

（2）量块

量块长度常作为标准量与被测量进行比较。量块分为角度量块和长度量块，如图 1-25 所示。角度量块有三角形和四边形的两种；长度量块除了作为长度基准的传递媒介以外，也可以用来检定和调整、校对计量器具，还可以用于测量工件划线精度和调整设备等，应用广泛。下面主要介绍长度量块。长度量块是没有刻度的平面平行端面量具，是使用特殊合金钢制成的横截面为矩形的六面体，如图 1-26 所示。

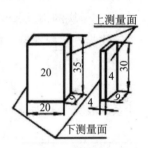

图 1-26　量块形状尺寸

图 1-25　角度量块与长度量块

1）量块的级与等

量块的级与等是从成批制造和单个检定两种不同的角度出发，对量块精度进行划分的两种形式。

国家标准《几何技术规范（GPS）长度标准量块》（GB/T 6093—2001）按制造精度将量块分为00、0、1、2、3级共五级，其中00级精度最高，3级精度最低。级主要是根据量块长度极限偏差、测量面的平面度、表面粗糙度及量块的研合性等指标来划分的。按级使用量块时，以量块的标称长度为工作尺寸，该尺寸包括了量块的制造误差，该误差将会被引入测量结果。由于不需要加修正值，故使用较方便。

国家计量局标准《量块检定规程》（JJG 146—2011）按检定精度将量块分为五等，即1、2、3、4、5等，其中1等精度最高，5等精度最低。等主要依据量块中心长度测量的极限偏差和平面平行性允许偏差来划分。按等使用时，必须以检定后的实际尺寸作为工作尺寸，该尺寸不包含制造误差，但包含了检定时的测量误差。

就同一量块而言，检定时的测量误差要比制造误差小得多。所以，量块按等使用时其精度比按级使用时要高，并且能在保持量块原有使用精度的基础上延长其使用寿命。如标称长度为30mm的0级量块，长度极限偏差为±0.00020mm，若按级使用，不管量块实际尺寸是多少，均按30mm计，引起的测量误差为±0.00020mm；但该量块经检定确定为3等，其检定尺寸为30.00018mm，检定极限误差为±0.00015，若按等使用，量块尺寸应视为30.00018mm，引起的误差等于检定误差即±0.00015mm。

2）量块的构成和使用

作为尺寸标准量，单个量块使用不方便，一般都按系列将许多不同标称尺寸的量块成套配置，使用时，根据需要选择多个适当的量块一起来使用。为了能用较少的块数组合成所需要的尺寸，减少累积误差，国家标准共规定了17种系列的成套量块，量块按一定的尺寸系列成套生产供应。

> 量块组的选用
>
> ◆ 选用量块时，应从所需组合尺寸的最后一位数字开始，每选一块至少应减去所需尺寸的一位尾数。
>
> ◆ 组合量块时，为减少量块组合的累积误差，应尽量减少量块的组合块数，一般不超过4块。

如图1-27所示，为了组合量块得到尺寸36.745mm，从83块一套的量块中进行选取。选择的量块组合是由标称尺寸分别为1.005mm、1.24mm、4.5mm和30mm的量块构成的。

量块在机械制造厂和各级计量部门中应用较广，常作为尺寸传递的长度标准器具和计量仪器示值误差的检定标准器具，也可作为精密机械零件测量、精密机床和夹具调整时的基准。

3）量块使用的注意事项

① 所用量块必须在使用有效期内，否则应及时送专业部门检定。

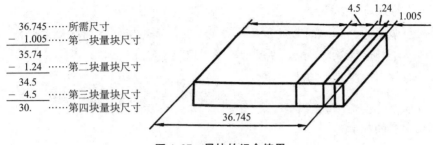

图 1-27 量块的组合使用

② 使用环境良好，防止各种腐蚀性物质及灰尘对测量面的损伤，影响其黏合性。

③ 应分清量块的"级"与"等"，注意使用规则。

④ 所选量块应用航空汽油清洗并用洁净软布擦干，待量块温度与环境温度相同后方可使用。

⑤ 应轻拿、轻放量块，杜绝磕碰、跌落等情况的发生。

⑥ 不得用手直接接触量块，以免造成汗液对量块的腐蚀及手温对测量精确度的影响。

⑦ 使用完毕，应用航空汽油清洗所用量块并擦干，然后涂上防锈脂存于干燥处。

（3）游标类量具

游标类量具主要是游标卡尺，它是利用游标读数原理制成的一种常用量具，具有结构简单、使用方便、测量范围大等特点。

1）游标卡尺的结构原理与读数方法

如图 1-28 所示，游标卡尺制造时，就使游标卡主尺上 $n-1$ 格刻度的宽度与游标上 n 格的宽度相等，即主尺上每格刻度与游标上每格刻度的差距为一固定值，通常为 0.02mm、0.05mm 等。

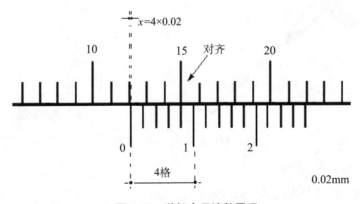

图 1-28 游标卡尺读数原理

　　游标卡尺的读数步骤可以分为 3 步：

◆ 先读整数，在主尺上读出位于游标尺零线左侧的刻线数值，即为测得数值的整数部分；

◆ 再读小数，找出与主尺刻线对齐的游标刻线，该刻线所代表的格数与分度值的乘积，即为测得数值的小数部分；

◆ 整合结果，将整数部分与小数部分相加，即为测量尺寸。

以游标读数值为0.02mm的游标卡尺为例，主体上每格刻度与游标上每格刻度的差距为0.02mm，当游标零线的位置在尺身刻线"12"余"13"之间，且游标上第4根刻线与主体尺身刻线对准时，则被测尺寸为：

$$12mm + x = 12 + 4 \times 0.02 = 12.08mm$$

2）游标卡尺的种类

为方便读数，有的游标卡尺上装有测微头或数显表头，如图1-29所示。测微头通过机械传动装置，将两测量爪相对移动转变为指示表的回转运动，并借助尺身刻度和指示表，对两测量爪相对移动所分隔的距离进行测量。电子数显卡尺具有非接触性电容式测量系统，由液晶显示器显示读数。常用的游标量具有深度游标尺、高度游标尺等，如图1-30所示，它们的读数原理相同，主要是测量面的位置不同。

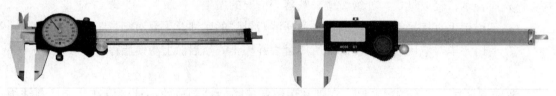

图1-29 带测微头和数显表头的游标量具

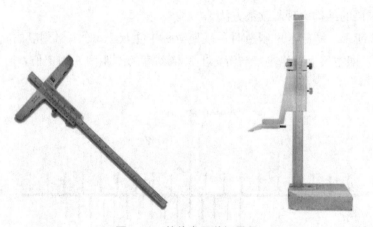

图1-30 其他常用游标量具

3）游标卡尺的使用步骤

① 应擦干净零件被测表面和千分尺的测量面。

② 校对游标卡尺的零位，若零位不能对正，记下此时的代数值，将零件的各测量数据减去该代数值。

③ 用游标卡尺测量标准量块，根据标准量块值熟悉游标尺卡脚和工件接触的松紧程度。

④ 根据零件图样标注要求，选择合适的游标卡尺。

如果测量外圆，应在圆柱体不同截面、不同方向测量3~5点，记下读数；如果测量长度，可沿圆周位置测量几点，记录读数。测量外圆时，可用不同分度值的计量器具测量，对结果进行比较，判断测量的准确性。

⑤ 剔除粗大误差的实测值后，将其余数据取平均值，并和图样要求比较，判断其合格性。

（4）螺旋测微类量具

螺旋测微类量具又称千分尺，可分为外径千分尺、内径千分尺、深度千分尺、杠杆千分尺、螺纹千分尺、齿轮公法线千分尺等。

1）螺旋测微类量具的结构原理与读数方法

这类计量器具采用螺旋测微原理，利用测微杆与微分筒间的螺旋副传动将角度位移转化为直线位移，进行尺寸测量读数。

千分尺的读数步骤可以分为 3 步：

◆ 先读整数（半刻度），在固定套筒上读整数（包括半刻度），即固定套筒基准中线与微分筒边缘靠近的刻线数值。中线上下均有刻线且相差半格，其中标有单位的一边为整数刻线，另一边为半刻线；

◆ 再读小数，在微分筒上读出小于 0.5mm 的小数，即微分筒与固定套筒的基准线对齐的刻线数值；

◆ 整合结果，把整数部分和小数部分相加，即为测量所得的尺寸。

如一测微杠螺距为 0.5mm，固定套筒上的刻度也是 0.5mm，螺旋副微分筒圆锥面上均匀刻有 50 条等分刻线，当微分筒转动一格时，测微杆移动 0.5mm 的 1/50，即 0.01mm，千分尺的分度值为 0.01mm。

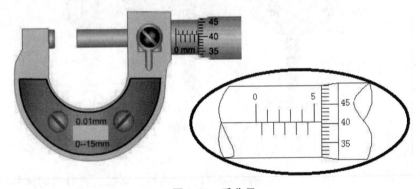

图 1-31　千分尺

如图 1-31 所示，外径千分尺读数为（$5+0.01×40.5$）mm＝5.405mm，最后一位数字 5 是估读数。

常用外径千分尺的测量范围有 0～25mm、25～50mm、50～75mm，甚至可测几米的长度，但测微螺杆的测量位移一般均为 25mm。内径千分尺用来测 50mm 以上实体的内部尺寸。

2）外径千分尺使用步骤

① 擦干净零件被测表面和千分尺的测量面。

② 校对外径千分尺的零位。

③ 根据零件的图样标注要求，选择合适规格的千分尺。

④ 如果测量外圆，应在圆柱体不同截面、不同方向测量3～5点，记下读数；若测量长度，可沿圆周位置测量几点，记录读数。

⑤ 剔除粗大误差的实测值后，将其余数据取平均值，并和图样要求比较，判断其合格性。

3）外径千分尺使用的注意事项

① 微分筒和测力装置在转动时不能过分用力。

② 当转动微分筒带动活动测头接近被测工件时，一定要改用测力装置旋转接触被测工件，不能直接旋转微分筒测量工件。

③ 当活动测头与固定测头卡住被测工件或锁住锁紧装置时，不能强行转动微分筒。

④ 测量时，应手握隔热装置，尽量减少手和千分尺金属部分的接触面积。

⑤ 外径千分尺使用完毕，应用布擦干净，在固定测头和活动测头的测量面间隙留出空隙，放入盒中。如长期不使用可在测量面上涂防锈油，置于干燥处。

（5）机械式量仪

百分表是应用最广泛的机械式量仪，是一种精度较高的比较量具，它只能测出相对数值，不能测出绝对数值，主要用于测量形状和位置误差，也可用于机床上安装工件时的机密找正。它的外形如图1-32所示。百分表的示值范围有0～3mm、0～5mm、0～10mm 3种。

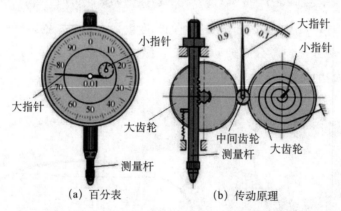

(a) 百分表　　　(b) 传动原理

图 1-32　百分表

1）百分表的结构原理与读数方法

百分表的分度值为0.01mm，表盘圆周刻有100条等分刻线。百分表的读数原理是测量杆移动，推动齿轮传动系统转动，测量杆移动1mm，通过齿轮传动系统带动大指针转一圈，小指针转一格。刻度盘圆周被等分为100格，每格读数值为0.01mm。小指针每移动一格读数变化1mm。测量时指针读数的变动量即为尺寸变化量。刻度盘可以转动，以便测量时大指针对准零刻线。

> 百分表的读数步骤可以分为3步：
> ◆ 先读毫米整数，小指针转过的刻度线；
> ◆ 再读小数部分，大指针转过的刻度线，并乘以0.01；
> ◆ 整合结果，将整数部分和小数部分相加，即得到所测量的数值。

2）百分表使用的注意事项

① 使用前，应检查测量杆活动的灵活性。即轻轻推动测量杆时，测量杆在套筒内移动要灵活，没有轧卡现象，每次手松开后，指针能回到原来的刻度位置。

② 使用时，必须把百分表固定在可靠的夹持架上。切不可贪图省事，随便夹在不稳固的地方，否则容易造成测量结果不准确，或摔坏百分表。

③ 测量时，不要使测量杆的行程超过它的测量范围，避免表头突然撞到工件上，也不要用百分表测量表面粗糙或有显著凸凹的工件。

④ 测量平面时，百分表的测量杆要与平面垂直，测量圆柱形工件时，测量杆要与工件的中心线垂直，否则，将使测量杆移动不灵活或使测量结果不准确。

⑤ 为方便读数，在测量前一般都让大指针指到刻度盘的零位。

⑥ 百分表不用时，应使测量杆处于自由状态，以免表内弹簧失效。

3）几种常用的机械量仪

① 内径百分表：一种用相对测量法测量孔径的常用量仪，它可以测量 6～1000mm 的内径尺寸，特别适合于测量深孔。如图 1-33 所示，它主要由百分表和表架等组成。

图 1-33 内径百分表　　图 1-34 杠杆百分表　　图 1-35 扭簧比较仪

② 杠杆百分表：又称靠表，它通过机械传动系统把杠杆测头的位移转变为指示表指针的转动而显示测量值。杠杆百分表表盘圆周上刻有均匀刻度，分度值为 0.01mm，示值范围一般为±0.4mm，如图 1-34 所示。杠杆百分表体积小，杠杆测头位移方向可以改变，因此在校正工件和测量时十分方便，尤其在测小孔和机床上校正零件，由于空间限制，百分表放不进去或测量杆无法垂直于被测表面时，可使用杠杆百分表测量，十分方便。

③ 扭簧比较仪：利用扭簧作为传动放大机构，将测量杆的直线位移转变为指针的角位移的机械量仪，如图 1-35 所示。

（6）角度量具

1）万能角度尺

万能角度尺又称角度规、游标角度尺和万能量角器，它是利用游标读数原理来直接测量工件角度或用于划线的角度量具。

万能角度尺由尺身、90°角尺、游标、制动器、基尺、直尺、卡块、扇形板等组成，如图1-36所示。游标固定在扇形板上，基尺和尺身连成一体，扇形板可以与尺身做相对回转运动，形成游标读数。通过改变基尺、角尺、直尺的相互位置可测量0～320°的任意外角及40°～130°的内角，按最小刻

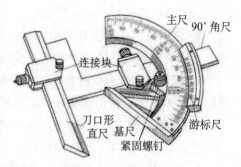

图1-36　万能角度尺

度分为2′和5′的两种，适用于机械加工中的内、外角度测量。应用万能角度尺测量工件时，要根据所测角度适当组合量尺。

万能角度尺的读数机构是根据游标原理制成的。以最小刻度为2′的万能角度尺为例，主尺刻线每格1°，游标的刻线是取主尺的29°等分为30格，因此游标刻线角度为每格29°/30，即主尺与游标一格的差值为2′，也就是万能角度尺读数准确度为2′。其读数方法与游标卡尺完全相同。

万能角度尺的读数步骤分为3步：

◆ 先读整数，从主尺上读出游标零刻线前的整数，即"度"的数值；

◆ 再读小数，从游标上读出小数，即"分"的数值；

◆ 整合结果，两者相加，即为被测角度的数值。

2）正弦规

正弦规是利用正弦定义测量角度和锥度等的量规，也称正弦尺。它主要由一个钢制长方体和固定在其两端的两个相同直径的钢圆柱体组成。使用正弦规检测圆锥体的锥角 α 时，应先使用公式 $H = L \cdot \sin\alpha_0$，计算出量块组的高度尺寸。如图1-37所示，如果测量角正好等于锥角，则指针在a、b两点指示值相同；如果被测锥度有误差 ΔK，则a、b两点必有差值 n，n 与被测长度的比值就是锥度误差，即 $\Delta K = n/L$。正弦规一般用于测量小于45°的角，在测量小于30°的角时，精确度可达3″～5″。

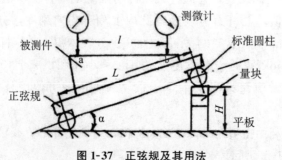

图1-37　正弦规及其用法

（7）三坐标测量机

三坐标测量机是集精密机械、电子技术、传感器技术、计算机技术之大成的现代先进测量仪器如图1-38所示。对于任何复杂的几何表面与几何形状，只要测头能感受到，三坐标测量机就可以测出其几何尺寸和相互位置关系，并借助计算机完成数据处理。三坐标测量机目前已在机械制造、电子、汽车制造、航空航天等领域得到越来越广泛的应用。

1）三坐标测量机的结构类型

三坐标测量机的结构形式如图1-39所示，主要有以下几种。

图1-38　三坐标测量机

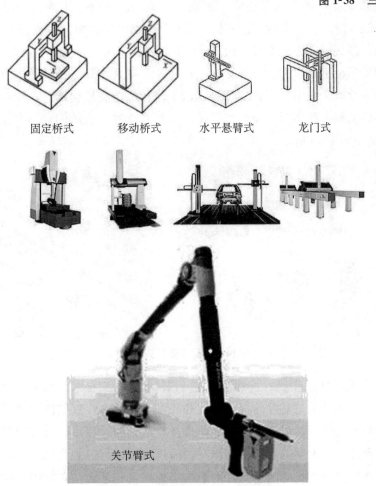

固定桥式　　　移动桥式　　　水平悬臂式　　　龙门式

关节臂式

图1-39　三坐标测量机主要结构形式

① 固定桥式：固定桥三坐标测量机桥架固定，刚性好，由动台中心驱动，中心光栅阿贝误差小，测量精度非常高。固定桥式是高精度和超高精度测量机的首选结构。

② 移动桥式：移动桥式三坐标测量机是使用最为广泛的一种结构形式的三坐标测量

机。其特点是结构简单、开敞性好、视野开阔、装卸零件方便、运动速度快、精度较高，有小型、中型、大型之分。

③ 水平悬臂式：水平悬臂式结构开敞性好、测量范围大，可由两台机器共同组成双臂测量机，广泛应用于汽车工业钣金件的测量。

④ 龙门式：又称高架桥式，适合大型和超大型测量机的结构，该类三坐标测量机多用于航空航天、造船行业大型零件或大型模具的测量，一般采用双光栅、双驱动等技术提高测量精度。

⑤ 关节臂式：关节臂式三坐标测量机测量灵活性好，适合现场测量，对环境要求较低。

2）三坐标测量机的测座、测头系统

三坐标测量机的测座、测头系统是负责数据采集的传感器系统，是三坐标测量机的重要组成部分。测座分为手动和自动两种，手动测座的旋转由人工方式实现，自动测座可由测座控制器用命令或程序控制自动旋转到指定位置。测头部分由测头传感器和测针组成（还可增加中间连接杆），测量传感器在探针接触被测点时发出触发信号。

按其功能，测头可分为触发式、扫描式、非接触式（激光、光学）等。

触发式测头是使用最广泛的一种测头，它是一个高灵敏开关传感器。当测针与零件接触而产生角度变化时，发出一个开关信号，这个信号传送到控制器后，控制系统对此刻的光栅计数器中的数据进行锁存，经处理后传送给测量软件，表示测量一个点。测座和测头（触发式）系统如图 1-40 所示。

图 1-40　测座和测头系统

扫描式测头有两种工作模式：触发模式、扫描模式。扫描式测头有 3 个相互垂直的距离传感器，可以感知触头与零件的接触程度和矢量方向，这些数据作为测量机的控制分量用于测量机的运动轨迹，在测头与零件表面接触、运动的过程中定时发出采点信号，采集光栅数据，并可过滤粗大误差，称为扫描。扫描式测头也可以触发式工作，这种方式是高精度方式。配备有扫描功能的测量机，由于采集数据量非常大，必须用专有扫描数据处理单元进行处理，并控制测量机按零件形状以扫描接触的方式运动。

4. 测量器具的选择

（1）测量器具的不确定度

测量器具的不确定度是指由于测量误差的存在，对被测量值的不能肯定的程度，用 U

表示。反过来，也表明该结果的可信赖度，是测量结果质量的指标。不确定度越小，说明测量结果与被测量真值越接近，不确定度越大，测量结果的质量越低。

　　测量器具的测量值不确定度允许值见表 1-17，一般情况下应优先选用Ⅰ挡，其次选Ⅱ、Ⅲ挡。常用测量器具指示表的不确定度见表 1-18，千分尺和游标卡尺的不确定度见表 1-19，比较仪的不确定度见表 1-20。通常，选择测量器具时应使其不确定度小于测量要求的不确定度允许值。

表 1-17　安全裕度、测量不确定度允许值　　　　　　单位：mm

工件公差		安全裕度 A	器具不确定度 U＝0.9A
大于	至		
0.009	0.018	0.001	0.0009
0.018	0.032	0.002	0.0018
0.032	0.058	0.003	0.0027
0.058	0.100	0.006	0.0054
0.100	0.180	0.010	0.0090
0.180	0.320	0.018	0.016
0.320	0.580	0.032	0.025
0.580	1.000	0.060	0.054
1.000	1.800	0.100	0.090
1.800	3.200	0.180	0.160

表 1-18　指示表的不确定度　　　　　　单位：mm

尺寸范围		所使用的计量器具			
		分度值为 0.001 的千分表（0 级在全程范围内，1 级在 0.2mm 内）分度值为 0.002 千分表（在 1 转范围内）	分度值为 0.001、0.002、0.005 的千分表（1 级在全程范围内）分度值为 0.01 的百分表（0 级在任意 1mm 内）	分度值为 0.01 的百分表（0 级在全程范围内，1 级在任意 1mm 内）	分度值为 0.01 的百分表（1 级在全程范围内）
大于	至	不确定度			
—	115	0.005	0.010	0.018	0.030
115	315	0.006			

表 1-19　千分尺和游标卡尺的不确定度　　　　　　　　单位：mm

尺寸范围		计量器类型			
		分度值为 0.01mm 外径千分尺	分度值为 0.01mm 内径千分尺	分度值为 0.02mm 游标卡尺	分度值为 0.05mm 游标卡尺
大于	至	不确定度			
0	50	0.004	0.008	0.020	0.050
50	100	0.005	0.008	0.020	0.050
100	150	0.006	0.008	0.020	0.050
150	200	0.007	0.013	0.020	0.050
200	250	0.008	0.013	0.020	0.100
250	300	0.009	0.013	0.020	0.100
300	350	0.010	0.020	—	0.100
350	400	0.011	0.020	—	0.100
400	450	0.012	—	—	0.100
450	500	0.013	0.025	—	—
500	700		0.030	—	—
700	1000		0.030		0.150

表 1-20　比较仪的不确定度　　　　　　　　单位：mm

尺寸范围		所使用的计量器具			
		分度值为 0.0005（相当于放大倍数 2000 倍）的比较仪	分度值为 0.001（相当于放大倍数 1000 倍）的比较仪	分度值为 0.002（相当于放大倍数 400 倍）的比较仪	分度值为 0.005（相当于放大倍数 250 倍）的比较仪
大于	至	不确定度			
—	25	0.0006	0.0010	0.0017	0.0030
25	40	0.0007	0.0010	0.0017	0.0030
40	65	0.0008	0.0011	0.0018	0.0030
65	90	0.0008	0.0011	0.0018	0.0030
90	115	0.0009	0.0012	0.0019	0.0030
115	165	0.0010	0.0013	0.0019	0.0030
165	215	0.0012	0.0014	0.0020	0.0030
215	265	0.0014	0.0016	0.0021	0.0035
265	315	0.0016	0.0017	0.0022	0.0035

（2）测量器具的选择方法

所选择的测量器具应与被测工件的外形、位置、尺寸的大小及被测参数特性相适应，使其测量范围能满足工件的要求。

由于测量误差的存在，每种测量器具都有一定的测量不确定度，如：分度值为 0.01mm 的千分尺，测量尺寸范围在 0～50mm 时，不确定度为 0.004mm；分度值为 0.02mm 的游标卡尺，不确定度为 0.02mm。因此，选择测量器具时应考虑工件的尺寸公差，既要使所选测量器具的不确定度值保证测量精度要求，又要符合经济型要求。

在各种几何量的测量中，用通用测量器具游标卡尺和千分尺进行长度尺寸测量是最基础、最经济的。一般零件，精度要求不是特别高时，常采用通用量具进行长度尺寸测量。对毛坯件尺寸，可采用钢尺、卡钳测量；被测工件的加工表面，用游标类量具或千分尺检测。其中，用游标卡尺测量精度较低，一般用于公差值大于 0.05mm 的尺寸测量，千分尺测量精度较高，批量尺寸检测还可采用专用量具、检具进行检验，这种检测不能获得尺寸的具体数值，但可以快速判断尺寸是否合格。精度要求较高的精密测量可以采用比较仪、测长仪、投影仪、工具显微镜、三坐标测量机等精密量仪进行检测，通过对被测零件进行多次测量，将测量结果的平均值作为最终测量结果以获得高的测量精度。

★试一试★

被检验工件尺寸要求为 $\phi 45h9$（$^{\ 0}_{-0.062}$）mm，试确定验收极限并选定适当测量器具。

解：该尺寸为工件重要配合尺寸，查表 1-17 知安全裕度 $A=0.0062$mm，不确定度允许值选 I 挡 $U_I=0.0056$mm。

上验收极限＝（45－0.0062）mm＝44.9938mm

下验收极限＝（45－0.062＋0.0062）mm＝44.942mm

查表 1-19 知，用分度值为 0.01mm 的外径千分尺寸测量该尺寸段的不确定度为 0.004mm，小于不确定允许值 0.0056mm，满足测量要求。

5. 零件尺寸的精密测量及数据处理

对测量结果进行数据处理是为了找出被测量最可信的数值及评定这一数值所包含的误差。在相同的测量条件下，对同一被测量进行多次连续测量，得到一测量列。测量列中可能同时存在随机误差、系统误差和粗大误差，因此，必须对这些误差进行处理。

（1）系统误差的发现和消除

系统误差一般通过标定的方法获得。从数据处理的角度出发，发现系统误差的方法有很多种，直观的方法是"残差观察法"，即根据测量值的残余误差，列表或作图进行观察。若残差大体正负相同，无显著变化规律，则可认为不存在系统误差；若残差有规律地递增或递减，则存在线性系统误差；若残差有规律地逐渐由负变正或由正变负，则存在周期性系统误差。当然，利用这种方法不能发现定值系统误差。

发现系统误差后需采取措施加以消除。可以从产生误差的根源上消除，可以用加修正值的方法消除，也可用两次读数方法消除等。

（2）测量列中随机误差的处理

随机误差的出现是不可避免的，而且无法消除。为了减小随机误差对测量结果的影响，可以用概率与数据统计的方法来估算随机误差的范围和分布规律，对测量结果进行处理。数据处理的步骤如下。

计算算术平均值：

$$\overline{x} = \frac{1}{n} \sum_{i=1}^{n} x_i$$

计算残差：

$$\nu_i = x_i - \overline{x}$$

计算标准偏差：

$$S = \sqrt{\frac{1}{n-1}\sum_{i=1}^{n}v_i^2}$$

计算测量列算数平均值的标准偏差：

$$\sigma_{\overline{x}} = \frac{S}{\sqrt{n}}$$

这样，测量列的测量结果可表示为：

$$Q = \overline{x} \pm \delta_{\lim(\overline{x})} = \overline{x} \pm 3\sigma_{\overline{x}}$$

测量结果 Q 的置信概率 $P = 99.73\%$。

（3）粗大误差的剔除

粗大误差的特点是数值比较大，将对测量结果产生明显的歪曲，应从测量数据中将其剔除。剔除粗大误差不能凭主观臆断，应根据粗大误差的准则予以确定。

判断粗大误差常用拉依达准则（又称 3σ 准则）。

该准则的依据主要来自随机误差的正态分布规律。从随机误差的特性中可知，测量误差越大，出现的概率越小，误差的绝对值超过 $\pm 3\sigma$ 的概率仅为 0.27%，即在连续 370 次测量中只有一次测量的残差超出 $\pm 3\sigma(370 \times 0.0027 \approx 1$ 次$)$，而连续测量的次数绝不会超过 370 次，测量列中就不应该有超出 $\pm 3\sigma$ 的残差。因此，凡绝对值大于 3σ 的残差，就视为粗大误差而予以剔除。

在有限次测量时，粗大误差的判断式为：

$$|x_i - \overline{x}| > 3S$$

剔除具有粗大误差的测量值后，应根据剩下的测量值重新计算 S，然后再根据 3σ 准则判断剩下的测量值中是否还存在粗大误差。每次只能剔除一个，直到剔除为止。在测量次数较少（小于 10 次）的情况下，最好不用 3σ 准则，而用其他准则。

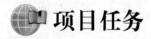 项目任务

任务 1　查表学习国家标准

1. 任务引入

根据图 1-41 中的尺寸的标注，画出尺寸公差带示意图，分析这 3 组尺寸的间隙、过渡、过盈配合关系，计算间隙、过盈量及配合公差。

2. 任务分析

（1）分析

图 1-41 中有 3 对相互配合的孔和轴：$\phi 16G7/h6$ 为间隙配合、$\phi 16M7/h6$ 为过渡配合、

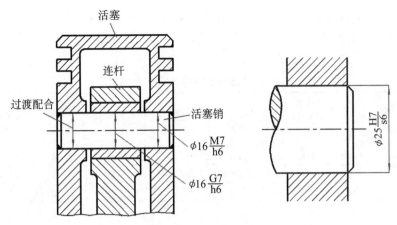

图 1-41 尺寸标注示例

$\phi 25H7/s6$ 过盈配合。$\phi 16$、$\phi 25$ 代表公差尺寸，分子 G7、M7、H7 代表配合孔的公差带，分母为 h6、s6 代表配合轴的公差带，公差带代号由数字和字母组成，其中，数字 7、6 代表公差等级，G、M、H 代表孔的基本偏差，h、s 代表轴的基本偏差。

（2）查表

公差值可查附表 A-1，轴的基本偏差可查附表 A-2，孔的基本偏差可查附表 A-3。

（3）画出公差带图

用公差带图表示孔和轴的公称尺寸、上下迹象偏差、公差的相互关系，如图 1-42 所示。

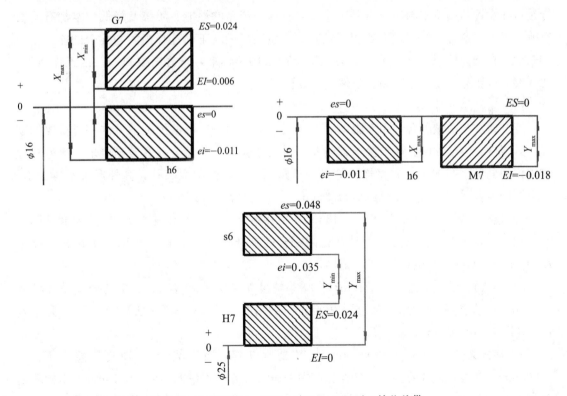

图 1-42 $\phi 16G7/h6$、$\phi 16M7/h6$、$\phi 25H7/s6$ 的公差带

（4）计算间隙、过盈量及配合公差。有关计算公式：$T_s = es - ei$；$T_h = ES - EI$；$T_f = T_s + T_h$，最终结果填入表 1-21。

表 1-21　配合尺寸的查表及计算结果

配合	公称尺寸	公差等级（孔/轴）	基本偏差代号（孔/轴）	孔（ES/EI）	轴（es/ei）	配合性质	X_{max} 或 Y_{min}	X_{min} 或 Y_{max}	配合公差 T_f
$\phi16G7/h6$	16	7/6	G/h	0.024/0.006	0/−0.011	间隙	0.035	0.006	0.029
$\phi16M7/h6$	16	7/6	M/h	0/−0.018	0/−0.011	过渡	0.011	−0.018	0.029
$\phi25H7/s6$	25	7/6	H/s	0.021/0	0.048/0.035	过盈	−0.014	−0.048	0.034

任务 2　读图识图

1. 任务引入

（1）识读连杆组件零件图（图 1-43），学习极限与配合标准、配合、公差系列、基本偏差系列。对照图样要求，查标准公差数值表、基本偏差数值表，绘制公差带。

（2）分析图 1-44 齿轮轴零件图中配合尺寸的配合制、公差等级、配合性质。

2. 任务分析

极限与配合的选用主要包括配合制、公差等级和配置种类的选择。合理选用极限与配合是机械设计与制造中的一项重要工作，它对提高产品的性能、质量及降低成本都有重要影响。通常要通过生产实践不断积累经验，才能逐步提高正确选择极限与配合的能力。一般来说，在选择极限与配合前要熟悉极限与配合国家标准，选择时要对产品的工作条件、技术要求进行分析，对生产制造条件进行分析。

（1）连杆组件分析

连杆通常与曲轴配合，用来驱动活塞在气缸中运动，是机械加工常见的一类重要的零件。其强度、力学性能、精度要求都较高，对尺寸公差、几何公差有较高要求。该连杆为整体模锻成形。在加工中先将连杆切开，再重新组装，镗削大头孔，其外形可不再加工。较重要的配合尺寸有大头孔径 $\phi65.5H6$mm、小头孔径 $\phi29.5H7$mm。

1）连杆大头孔径尺寸为 $\phi65.5$ H6mm，尺寸精度 6 级，查附表 A-1 知其公差值 IT6 = 0.019mm，基准偏差代号为 H，是基孔制配合的基准孔，基本偏差为 $EI = 0$mm，上偏差 $ES = IT6 + EI = 0.019$mm。

2）小头孔径尺寸为 $\phi29.5H7$mm，尺寸精度 7 级，查附表 A-1 知其公差值 IT7 = 0.021mm，基准偏差代号为 H，是基孔制配合的基准孔，基本偏差为 $EI = 0$mm，上限偏差 $ES = IT7 + EI = 0.021$mm。

3）连杆大头孔高度为 38b9mm，尺寸精度 9 级，查附表 A-1 知其公差值 IT9 = 0.062mm，基准偏差代号为 b，查附表 A 中的表 A-2 知基本偏差 $es = -0.19$mm。下极限偏差 $ei = es - IT9 = (-0.17 - 0.062)$ mm $= -0.232$mm，未注公差尺寸等要求较低。

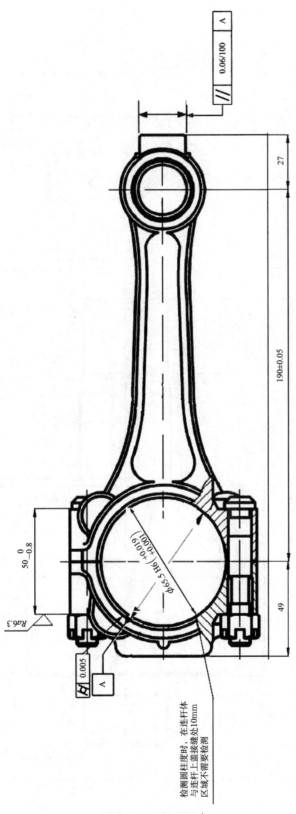

图 1-43　连杆组件

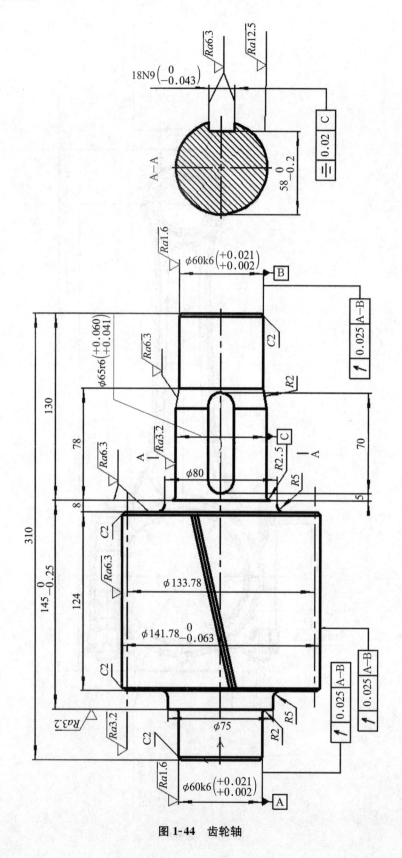

图 1-44 齿轮轴

主要尺寸公差带图如图 1-45 所示。

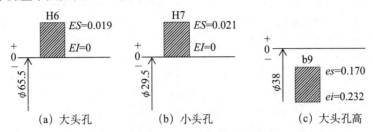

图 1-45　连杆大、小头孔及孔高的公差带图

其余技术要求还有几何公差、粗糙度、材料、金相组织、硬度及表面处理等。

（2）齿轮轴零件分析

较重要的配合尺寸有：轴径 $\phi 60k6^{+0.021}_{+0.002}$ mm（两处），采用基孔制过渡配合，其尺寸公差等级为 IT6；轴 $\phi 65r6^{+0.060}_{+0.041}$ mm 处，采用基孔制过盈配合，其尺寸公差等级为 IT6；键槽 18N9$^{0}_{-0.043}$ mm 处，采用基轴制过渡配合，其尺寸公差等级为 IT9。

其余技术要求还有几何公差、粗糙度、材料及热处理要求等。

任务3　长度尺寸的测量

1. 任务引入

对图 1-46 所示零件的外圆、内孔直径、深度、长度等尺寸进行测量，将测量结果填入表 1-22 中，计算出平均值并填写测量结论。

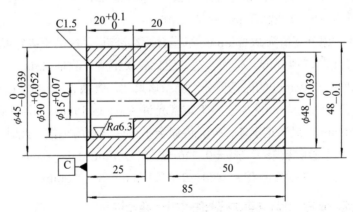

图 1-46　尺寸测量零件图

表 1-22　测量数据表

实验项目	图样要求	计量器具	实测					平均值	结论
			1	2	3	4	5		
外圆									

续表

实验项目	图样要求	计量器具	实测					平均值	结论
			1	2	3	4	5		
内孔									
长度									
深度									

2. 任务分析

应要求使用通用量具游标卡尺、千分尺对尺寸进行测量。测量时要注意量具的合理选择、正确使用及其对精度的影响。

任务4　测量器具的选择

1. 任务引入

某孔尺寸要求为 $\phi 80 H8 \left(^{+0.046}_{0}\right)$ mm，试确定验收极限并选定适当测量器具。

2. 任务分析

该尺寸为采用包容要求的重要配合尺寸，查表 1-17 可知安全裕度 A=4.6μm，故

上验收极限＝（80＋0.046－0.0046）mm＝80.0414mm

下验收极限＝（80＋0.0046）mm＝80.0046mm

查表 1-20 知，用分度值为 0.005mm 的比较仪测量该尺寸段的不确定度值为 0.003mm，小于不确定度允许值 0.0046mm，较为合适，但比较仪不适合测量内孔。

可选用分度值为 0.01mm 的内径千分尺测量该尺寸。查表 1-19 知，用此千分尺测量该尺寸的不确定度值为 0.008mm，大于不确定度允许值 0.0046mm。这时可扩大安全裕度 A 至 A′，A′=0.009mm，以满足国家标准允许误废不允许误收的规定。此时

上验收极限＝（80＋0.046－0.009）mm＝80.037mm

下验收极限＝（80＋0.009）mm＝80.009mm

任务5　零件尺寸的精密测量与数据处理

1. 任务引入

用立式光学计对塞规尺寸进行多次重复测量，对测量数据进行处理，写出测量结果，判断被测塞规的尺寸是否合格。

2. 任务分析

用立式光学计对塞规尺寸进行精密测量，测量时对其多次重复测量，得到一组测量数据。通过对测量数据进行处理得到最终测量结果。

项目二　机械零件的几何量公差及选用

【项目内容】

◆ 机械零件几何公差项目的相关知识；
◆ 读图认识机械零件几何公差项目的含义、国家标准；
◆ 读图认识机械零件几何公差的选用、标注。

【知识点与技能点】

◆ 机械零件几何公差的基本概念，相关国家标准的基本内容；
◆ 公差原则（独立原则、相关要求）的概念和应用；
◆ 选择几何公差项目需要考虑的因素，公差大小、公差原则的选用方法；
◆ 图样上几何公差的含义，几何公差的标注；
◆ 几何公差项目的选用，公差值、公差原则确定。

知识点1　几何公差概述

机械零件生成加工，无论何种加工精度，总会出现加工尺寸与标准理想尺寸存在偏差。几何公差就是对于零件的加工规定合理的误差允许范围，既要保证零件的使用要求，又要考虑经济成本。

零件在加工过程中由于受各种因素的影响，不可避免会产生形状和位置误差（简称形位误差），如图 2-1 所示。形位误差对机器的使用功能和寿命具有重要影响。零件的形位误差对机器的工作精度和使用寿命，都会造成直接不良影响，特别是在高速、重载等工作条件下，这种不良影响更为严重。然而在实际生产中，制造绝对理想、没有任何几何误差的零件，是不可能且无必要的。为了保证零件的使用要求和互换性，实现零件的经济性制造，必须对形位误差加以控制，规定合理的几何公差。

(a) 形状误差　　　　　　　　(b) 位置误差

图 2-1　形状和位置误差

1. 几何公差基本术语

（1）几何要素

形位公差的研究对象是零件的几何要素，就是零件几何要素本身的形状精度和有关要素之间相互的位置精度问题。零件几何要素由点、线、面构成。具体包括点（圆心、球心、中心点、交点）、线（素线、曲线、轴线、中心线、引线）、面（平面、曲面、圆柱面、圆锥面、球面、中心平面）等，如图 2-2 所示。零件的几何要素的分类及含义如下。

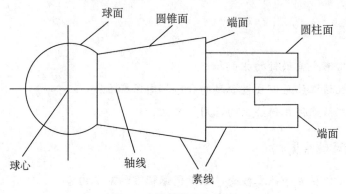

图 2-2　零件的几何要素

1）理想要素与实际要素：具有几何意义的要素称理想要素。零件实际存在的要素称为实际要素，通常用测量得到的要素代替。

2）单一要素与关联要素：仅对要素自身提出功能要求而给出形状公差的要素称为单一要素。相对基准要素有功能要求而给出位置公差的要素称为关联要素。

3）轮廓要素与中心要素：构成零件外形的点、线、面各要素称为轮廓要素，即零件外轮廓。轮廓要素对称中心所表示的点、线、面各要素称为中心要素。

4）被测要素与基准要素：有几何公差要求的要素称为被测要素。被测要素是零件需要研究和测量的对象。用来确定被测要素的方向和位置的要素称为基准要素。

（2）基准

基准有基准要素和基准之分。零件上用来建立基准并实际起基准作用的实际要素称为基准要素；用以确定被测要素方向或者位置关系的公称理想要素称为基准。基准可以是组成要素（轮廓要素）或导出要素（中心要素）；基准要素只能是组成要素。基准可由零件上的一个或多个要素构成。基准在图样的标注用英文大写字母（如 A、B、C）表示，水平写在基准方格内，与一个涂黑的或空白的三角形相连，涂黑和空白基准三角形含义相同，如图 2-3 所示。

1）单一基准：指仅以一个要素（如一个平面或一条直线）作为确定被测要素方向或位置的依据称为单一基准；

2）组合基准（公共基准）：指将两个或两个以上要素组合作为一个独立的基准，如两个平面或两条直线（或两条轴线）组合成一个公共平面或一条公共直线（或公共轴线）作为基准；

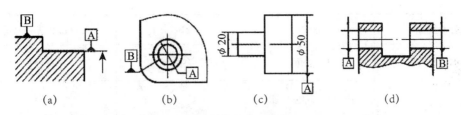

图 2-3　基准标注

3）基准体系：指由 3 个互相垂直的基准平面组成的基准体系，它的 3 个平面是确定和测量零件上各要素几何关系的起点。

2. 几何公差项目的种类、符号

国家标准《GB/T 1182—2008 产品几何技术规范（GPS）几何公差 形状、方向、位置和跳动公差标注》规定，形位公差分为两大类，形状公差和位置公差，见表 2-1。

表 2-1　形状公差和位置公差

公差类型	特征项目	符号	有或无基准要求
形状公差	直线度	———	无
	平面度	▱	无
	圆度	○	无
	圆柱度	⌀	无
	线轮廓度	⌒	无
	面轮廓度	⌓	无
方向公差	平行度	∥	有
	垂直度	⊥	有
	倾斜度	∠	有
	线轮廓度	⌒	有
	面轮廓度	⌓	有

公差类型	特征项目	符号	有或无基准要求
形状公差	位置度	⊕	有或无
	同轴（同心）度	◎	有
	对称度	═	有
	线轮廓度	⌒	有
	面轮廓度	⌓	有
跳动公差	圆跳动	↗	有
	全跳动	↗↗	有

3. 几何公差标注方法

根据公差系数等级的不同，GB/T 1800.1—2009 把公差等级分为 20 个等级在技术图样中，形位公差采用代号标注形式，如图 2-4 所示。

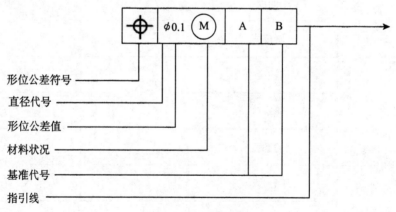

图 2-4　形位公差标注

（1）几何公差的附加符号

几何公差在图样上采用附加符号标注，无法采用附加符号时，允许在技术要求中用文字说明。几何公差的附加符号由公差框格、指引线和基准组成。

几何公差的基本内容在公差框格内给出，如图 2-5 所示。公差框格分为两格或多格，可水平绘制或垂直绘制。框格中分别填写公差特征符号、公差值及有关符号；位置公差方框根据功能要求可增至 3 至 5 格，用来填写表示基准体系的字母和有关符号。公差框格的第二格之间填写的公差带为圆形或圆柱形时，公差值前加注"ϕ"，若是球形则加注"$S\phi$"。

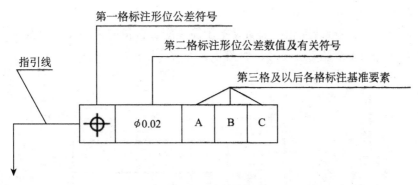

图 2-5　公差框格

指引线使用细实线，一端从框格一侧引出，与框格一端的中部相连，也可以与框格任意位置水平或垂直相连；另一端带有箭头，箭头指向被测要素或其延长线上。指引线可以折弯但是不能超过两次。

对于有方向公差、位置公差或跳动公差要求的被测要素，在图样上必须注明基准。基准用大写字母表示，注明在基准方格内，方框内的字母应与公差框格中的基准字母对应，且不论基准代号在图样中的方向如何，方框内的字母均应水平书写，方框与一个涂黑的或空白的三角形相连（涂黑的或空白的基准三角形含义相同），如图 2-6 所示。为不致引起误解，基准字母 E、I、J、M、O、P、L、R、F 因有其他含义，不用作基准字母。

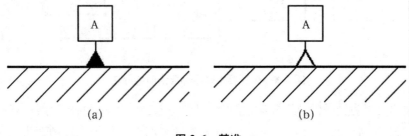

图 2-6　基准

国家标准中还规定了一些其他特殊符号，形位公差数值和其他有关符号见表 2-2，需要时可查用国家标准。

表 2-2　形位公差的相关符号

符号	意义	符号	意义
Ⓜ	最大实体状态	50	理论正确尺寸
Ⓟ	延伸公差带	$\dfrac{\text{j}20}{\text{A}1}$	基准目标
Ⓔ	包容原则（单一要素）	—	—

（2）被测要素的标注

1）当被测要素为轮廓线或轮廓面时，指示箭头应直接指向被测要素或其延长线上，并与尺寸线明显错开（至少错开 4mm），如图 2-7 所示。

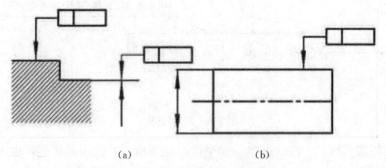

（a）　　　　　　　　　　　　（b）

图 2-7　被测要素为轮廓要素时的标注

2）当被测要素为中心点、中心线、中心面时，指示箭头应与被测要素相应的轮廓尺寸线对齐，如图 2-8 所示，指示箭头可代替一个尺寸线的箭头。

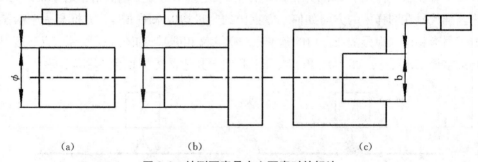

（a）　　　　　　　　（b）　　　　　　　　（c）

图 2-8　被测要素是中心要素时的标注

3）当被测要素为视图的整个轮廓线（面）时，应在指示箭头的指引线的转折处加注全周符号。如图 2-9 所示线轮廓度公差 0.1mm 是对该视图上全部轮廓线的要求，其他视图上的轮廓不受该公差要求的限制。

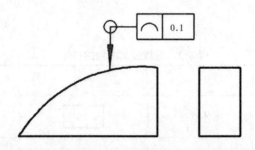

图 2-9　被测要素为视图的整个轮廓线（面）时的标注

4）当被测要素为单一要素的轴线或各要素的公共轴线、公共中心平面时，指引线的箭头可以直接指在公共轴线或公共中心线上，如图 2-10 所示。

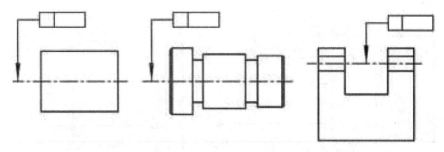

图 2-10　被测要素为公共轴线、公共中心平面时的标注

5）当被测要素为螺纹、齿轮、花键的轴线时，应在几何公差框格下方标明节径 PD、大径 MD 或小径 LD，如图 2-11 所示。

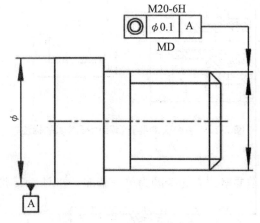

图 2-11　被测要素其他标注

6）当被测要素为圆锥体的轴线时，指引线的箭头应与圆锥体的直径尺寸线（大端或小端）对齐。如圆锥体采用角度尺寸标注，则指引线的箭头应对着该角度尺寸线画出，如图 2-12所示。

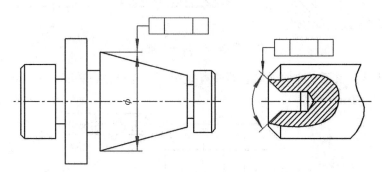

图 2-12　被测要素为圆锥体的轴线时的标注

7）当同一个被测要素有多项形位公差要求，其标注方法又是一致时，可以将这些框格绘制在一起，并引用一根指引线，如图 2-13 所示。

8）当多个被测要素有相同的形位公差（多项或单项）要求时，可以在从框格引出的指引线上绘制多个指示箭头并分别与各被测要素相连，如图 2-14 所示。

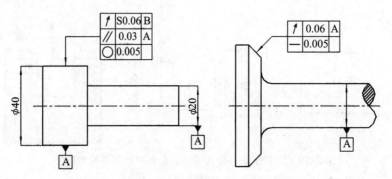

图 2-13　被测要素有多项形位公差要求时的标注

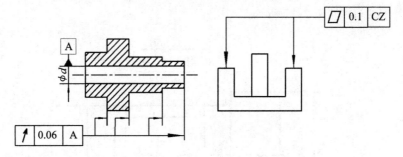

图 2-14　多个被测要素有相同要求时的标注

（3）基准要素的标注

1）单一基准：由单个要素建立的基准为单一基准，如图 2-15 所示。

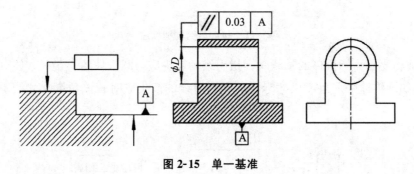

图 2-15　单一基准

2）组合基准：由两个或两个以上的要素建立成一个独立的基准，称为组合基准或公共基准，如图 2-16 所示。

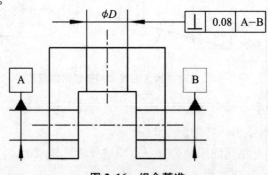

图 2-16　组合基准

3）基准体系：在位置公差中，为了确定被测要素在空间的方向和位置，有时仅指定一个基准是不够的，而要使用 2 个或 3 个基准组成基准体系，如图 2-17 所示。

4）任选基准：对相关要素不指定基准时，在测量时可以任选一个要素作为基准，这个基准称为任选基准，如图 2-18 所示。

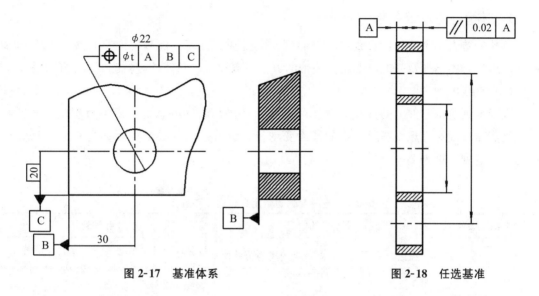

图 2-17　基准体系　　　　　　　　　　　　图 2-18　任选基准

4. 几何公差带

几何公差带是用来限制被测实际要素变动的区域，是几何误差的最大允许值，只要被测要素完全落在给定的公差带区域内，就表示被测要素的形状和位置符合设计要求。与尺寸公差带比较，几何公差带构成较为复杂，它包括大小、形状、方向和位置 4 个要素，其公差带形状如图 2-19 所示，公差带形状是由被测实际要素的形状和位置公差各项目的特征来决定的。公差带的大小是由公差值 t 确定的，指的是公差带的宽度或直径。

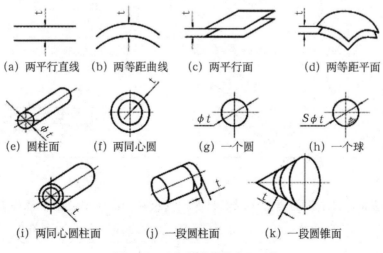

(a) 两平行直线　(b) 两等距曲线　(c) 两平行面　(d) 两等距平面

(e) 圆柱面　(f) 两同心圆　(g) 一个圆　(h) 一个球

(i) 两同心圆柱面　(j) 一段圆柱面　(k) 一段圆锥面

图 2-19　几何公差带的主要形状

知识点 2　几何公差带的特点分析

1. 形状公差及公差带

形状公差有 4 个项目：直线度、平面度、圆度和圆柱度。被测要素有直线、平面和圆柱面。形状公差不涉及基准，形状公差带的方位可以浮动，只能控制被测要素的形状误差。

（1）直线度

直线度是表示零件上的直线要素实际形状保持理想直线的状况，即平直程度。直线度公差是实际直线对理想直线所允许的最大变动量，也就是用以限制实际直线加工误差所允许的变动范围，见表 2-3。

表 2-3　直线度公差带定义、标注和解释

公差特征及符号	公差带的定义	标注和解释
直线度	在给定平面内，公差带是距离为公差值 t 的两平行直线之间的区域 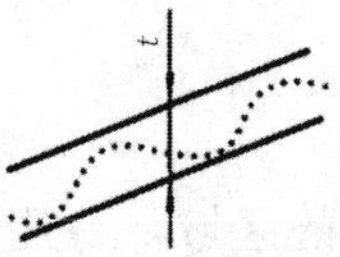	被测表面的素线必须位于平行于图样所示投影面且距离为公差值 0.1mm 的两平行直线内 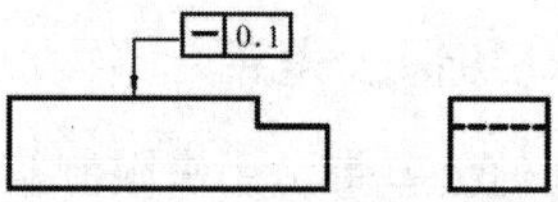
	在给定方向上公差带是距离为公差值 t 的两平行平面之间的区域 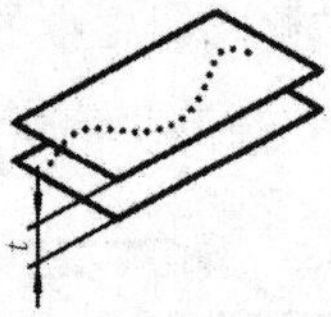	被测圆柱面的任一素线必须位于距离为公差值 0.1mm 的两平行平面之内 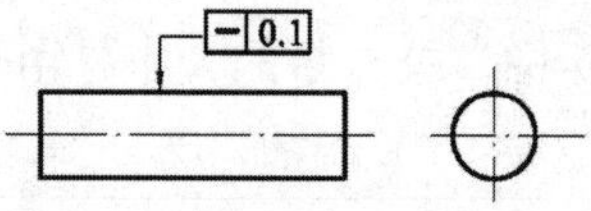
ϕ	如在公差值前加注 ϕ，则公差带是为 t 的圆柱内的区域 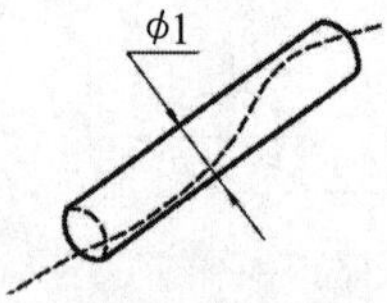	被测圆柱面的轴线必须位于直径为公差值 ϕ 0.08mm 的圆柱面内 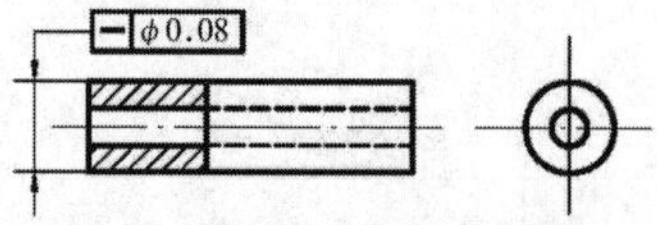

（2）平面度

平面度是表示零件的平面要素实际形状保持理想平面的状况，即平整程度。平面度公差是实际表面所允许的最大变动量，用以限制实际表面加工误差所允许的变动范围，见表2-4。

表 2-4　平面度公差带定义、标注和解释

公差特征及符号	公差带的定义	标注和解释
平面度	公差带是距离为公差值 t 的两平行平面之间区域 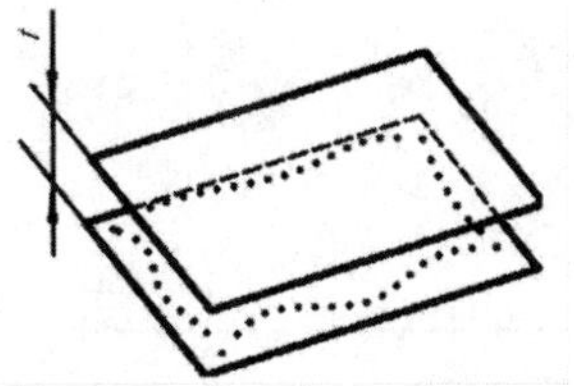	被测表面必须位于距离为公差值 0.08mm 的两平行平面内 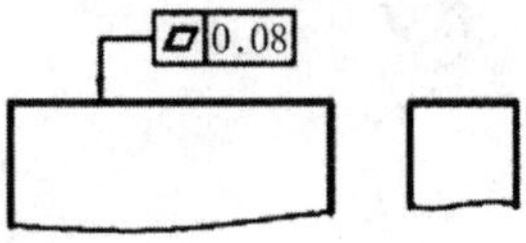

（3）圆度

圆度是表示零件上圆要素的实际形状与其中心保持等距的状况，即圆整程度。圆度公差是同一截面上，实际圆对理想圆所允许的最大变动量，用以限制实际圆的加工误差所允许的变动范围，见表 2-5。

表 2-5　圆度公差带定义、标注和解释

公差特征及符号	公差带的定义	标注和解释
圆度	公差带是在同一正截面上，半径差为公差值 t 的两同心圆之间的区域 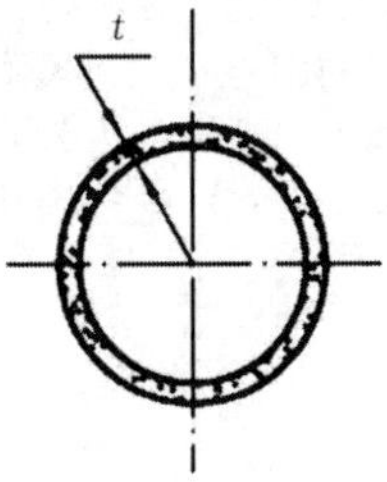	被测圆柱面任一正截面的圆周必须位于半径差为公差值 0.03mm 的同心圆之间 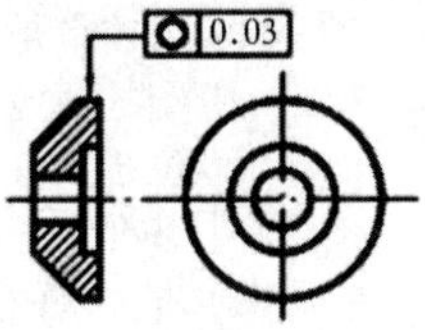 被测圆锥面任一正截面上的圆周必须位于半径差为公差值 0.1mm 的两同心圆之间 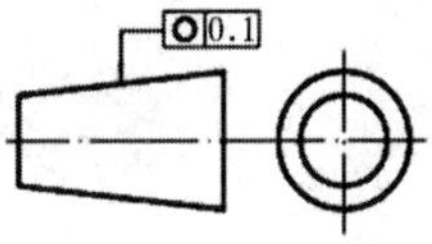

（4）圆柱度

圆柱度是表示零件上圆柱面外形轮廓上的各点对其轴线保持等距的状况。圆柱度公差是实际圆柱面对理想圆柱面所允许的最大变动量，用以限制实际圆柱面加工误差所允许的变动范围，见表 2-6。

表 2-6 圆柱度公差带定义、标注和解释

公差特征及符号	公差带的定义	标注和解释
圆柱度	公差带是半径差为公差值 t 的两同轴圆柱面之间的区域 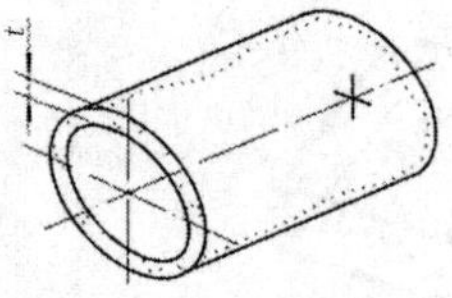	被测圆柱面必须位于半径差为公差值 0.1mm 的两同轴圆柱面之间 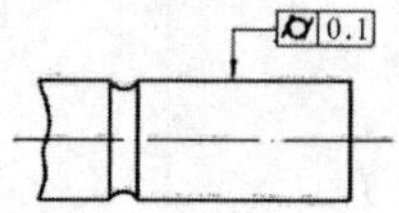

2. 轮廓度公差及公差带

轮廓度公差不是单纯的形状公差或位置公差。当它们用于限制被测要素的形状时，不标注基准，其理想形状由理论正确尺寸确定，公差带的位置是浮动的；当它们用于限制被测要素的形状、方向、位置时，需要标注基准，其理想形状由基准和理论正确尺寸确定，公差带的位置是固定的。

（1）线轮廓度

线轮廓度是表示在零件的给定平面上任意形状的曲线保持其理想形状的状况，见表 2-7。

表 2-7 线轮廓度公差带定义、标注和解释

公差特征及符号	公差带的定义	标注和解释
线轮廓度	公差带是包络一系列直径为公差值 t 的圆的两包络线之间的区域。诸圆的圆心位于具有理论正确几何形状的线上，无基准要求的线轮廓度公差见图 a；有基准要求的线轮廓度公差见图 b； 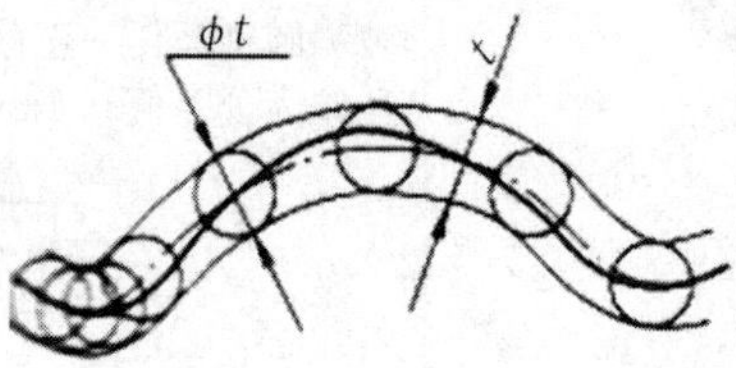	在平行于图样所示投影面的任一截面上，被测轮廓线必须位于包络一系列直径为公差值 0.04mm 且圆心位于具有理论正确几何形状的线上的两包络线之间 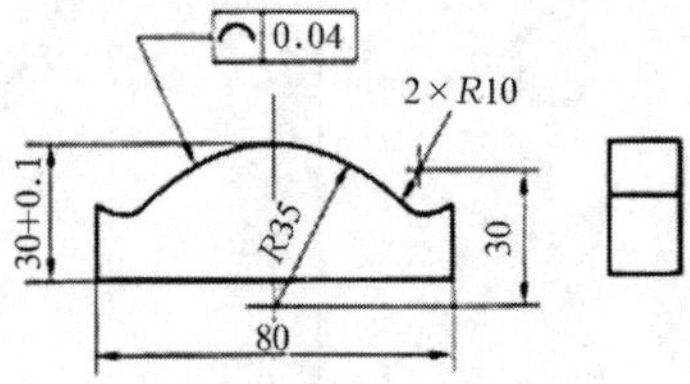 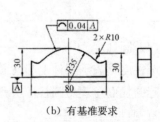 （a）无基准要求 （b）有基准要求

（2）面轮廓度

面轮廓度是表示零件上任意形状的曲面保持其理想形状的状况。面轮廓度公差是非圆曲面的轮廓线对理想轮廓面的允许变动量，用以限制实际曲面加工误差的变动范围，见表 2-8。

表 2-8　面轮廓度公差带定义、标注和解释

公差特征及符号	公差带的定义	标注和解释
面轮廓度	公差带是包络一系列直径为公差值 t 的球的两包络面之间的区域，诸球的球心应位于具有理论正确几何形状的面上 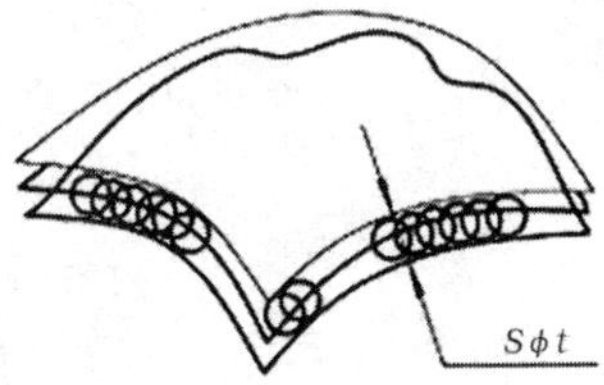	被测轮廓面必须位于包络一系列球的两包络面之间，诸球的直径为公差值 0.02mm，且球心位于具有理论正确几何形状的面上的两包络面之间 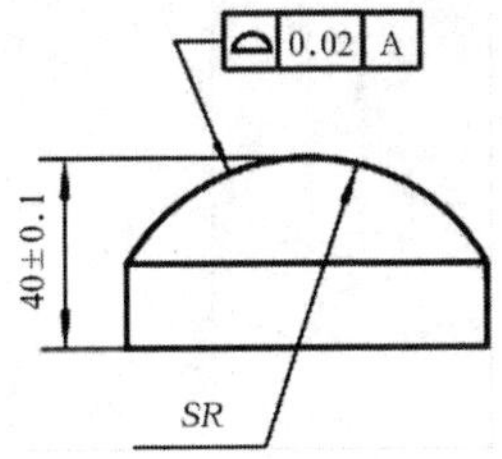

3. 方向公差及公差带

方向公差有 3 个项目：平行度、垂直度和倾斜度。被测要素和基准要素有直线和平面。按被测要素相对于基准要素，有线对线、线对面、面对线和面对面 4 种情况。方向公差带在控制被测要素相对于基准平行、垂直和倾斜所夹角度方向误差的同时，能够自然地控制被测要素的形状误差。

（1）平行度

平行度是表示零件上被测实际要素相对于基准保持等距离的状况。平行度公差是被测要素的实际方向与基准相平行的理想方向之间所允许的最大变动量，用以限制被测实际要素偏离平行方向所允许的变动范围，见表 2-9。

表 2-9　平行度公差带定义、标注和解释

公差特征及符号	公差带的定义	标注和解释
平行度	公差带是两对互相垂直的距离分别为 t_1 和 t_2 且平行于基准线的两平行平面之间的区域 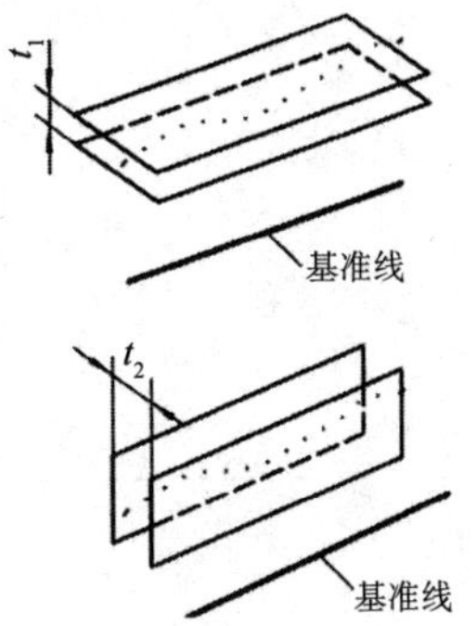	被测轴线必须位于距离分别为公差值 0.2mm 和 0.1mm，在给定的互相垂直方向上且平行于基准轴线的两组平行平面之间 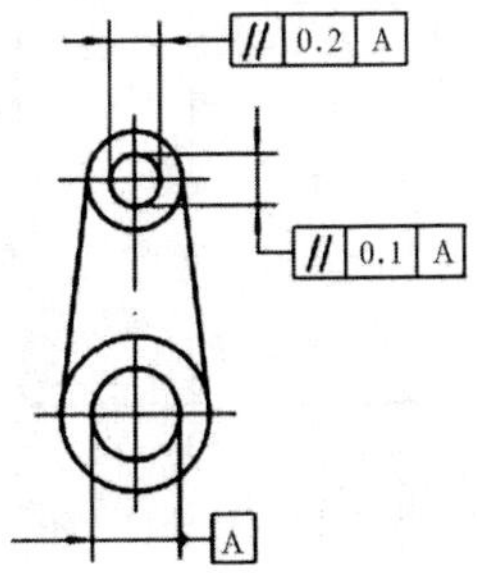

公差特征及符号	公差带的定义	标注和解释
平行度 //	如在公差值前加注，公差带是直径为公差值 t 且平行于基准线的圆柱面内的区域 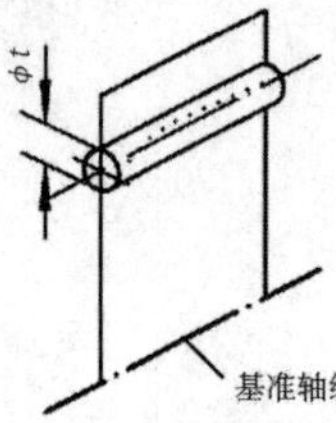	被测轴线必须位于直径为 0.1mm 且平行于基准轴线 B 的圆柱面内 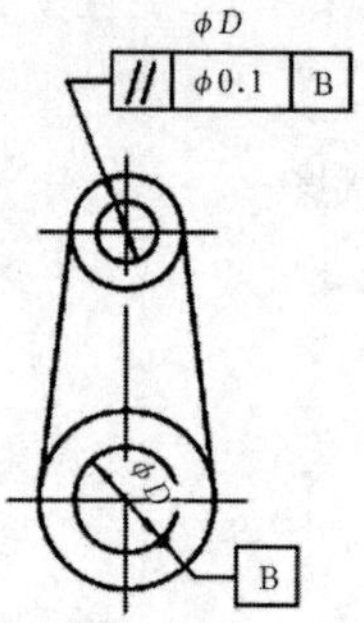
	公差带是距离为公差值 t 且平行于基准平面的两平行平面之间的区域 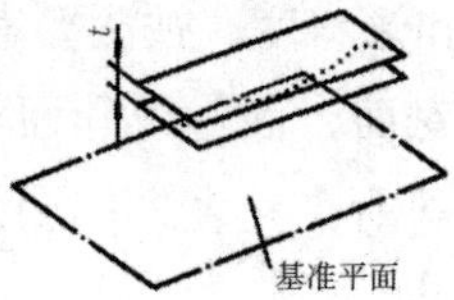	被测轴线必须位于距离为公差值 0.03mm 且平行于基准表面 A（基准平面）的两平行平面之间 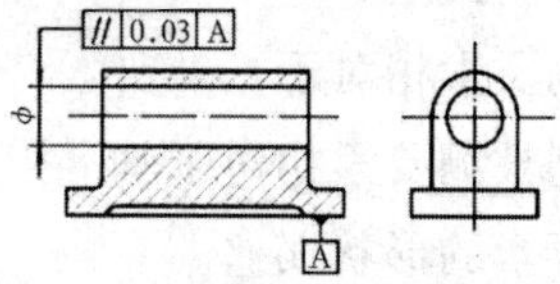
	公差带是距离为公差值 t 且平行于基准线的两平行平面之间的区域 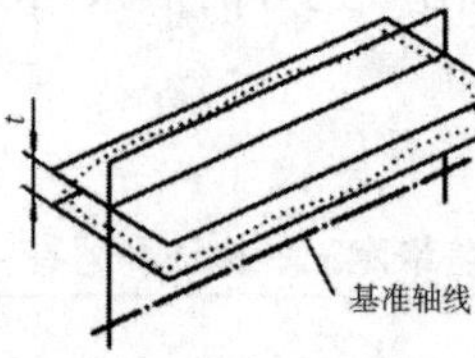	被测表面必须位于距离为公差值 0.05mm 且平行于基准线 A（基准轴线）的两平行平面之间 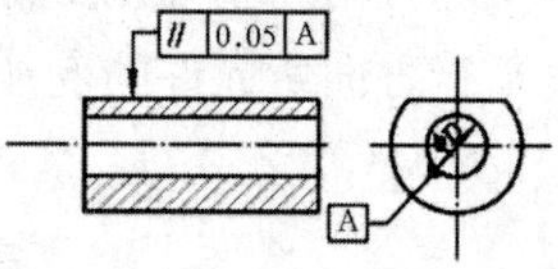
	公差带是距离为公差值 t 且平行于基准面的两平行平面之间的区域 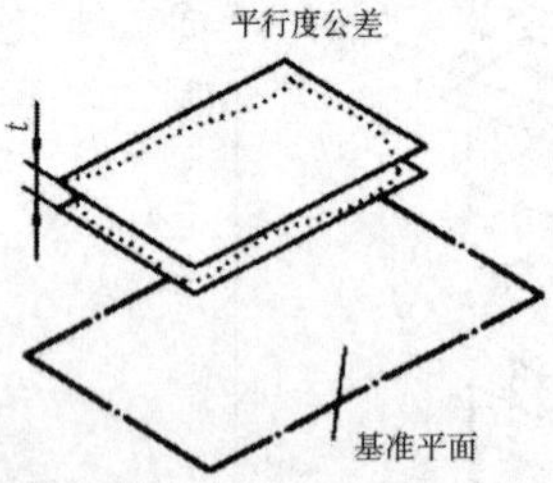	被测表面必须位于距离为公差值 0.05mm 且平行于基准平面 A（基准平面）的两平行平面之间 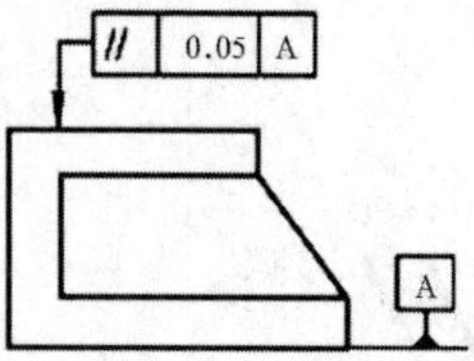

（2）垂直度

垂直度是表示零件上被测要素相对于基准要素保持正确的 90°角的状况。垂直度公差是被测要素的实际方向对于基准相垂直的理想方向之间所允许的最大变动量，用以限制被测实际要素偏离垂直方向所允许的最大变动范围，见表 2-10。

表 2-10　垂直度公差带定义、标注和解释

公差特征及符号	公差带的定义	标注和解释
垂直度 ⊥	公差带是距离为公差值 t 且垂直于基准轴线的两平行平面之间的区域 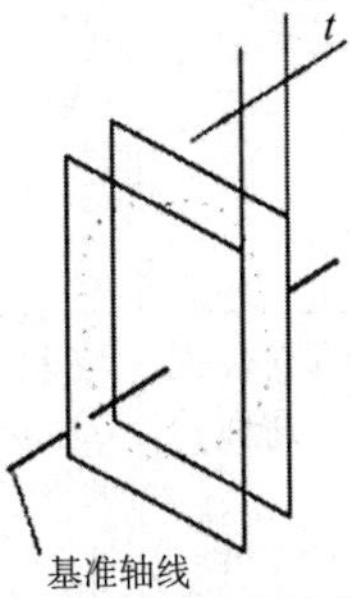 基准轴线	被测轴线必须位于距离为公差值 0.08mm 且垂直于基准线 A（基准轴线）的两平行平面之间 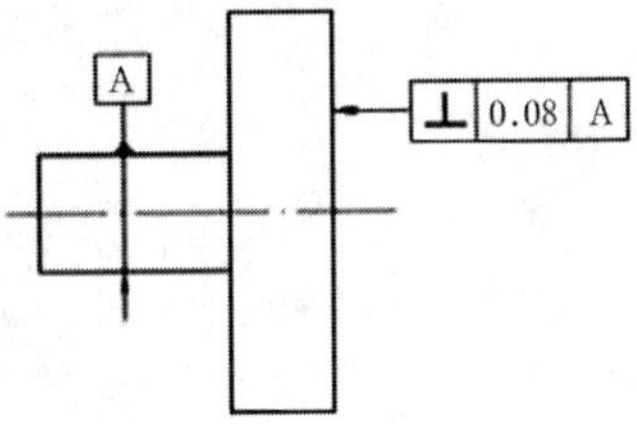
	如在公差值前加注 ϕ，公差带是直径为公差值 t 且垂直于基准面的圆柱面内的区域 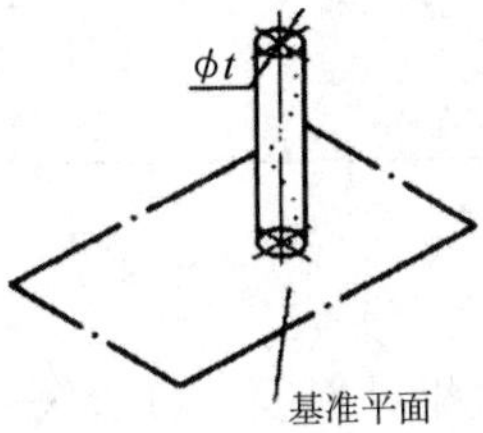 基准平面	被测轴线必须位于直径为公差值 0.08mm 且垂直于基准线 A（基准平面）的圆柱面内 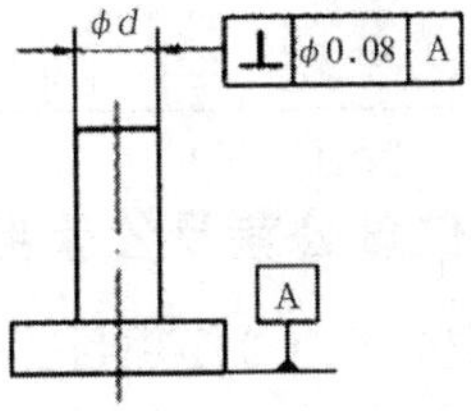

（3）倾斜度

倾斜度是表示零件上两要素相对方向保持任意给定角度的正确状况。倾斜度公差是被测要素的实际方向，对于与基准成任意给定角度的理想方向之间所允许的最大变动量，见表 2-11。

表 2-11　倾斜度公差带定义、标注和解释

公差特征及符号	公差带的定义	标注和解释
倾斜度 ∠	被测线和基准线在同一平面内，公差带是距离为公差值 t 且与基准线成一给定角度的两平行平面之间的区域 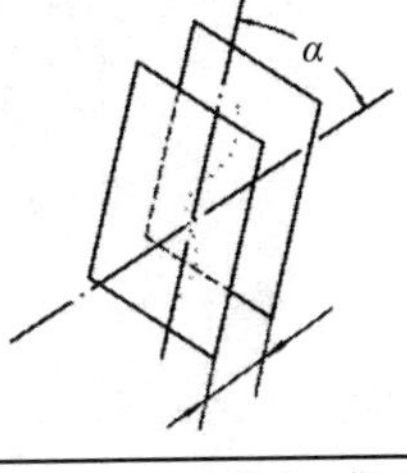	被测轴线必须位于距离为公差值 0.08mm 且与 A－B 公共基准线成一理论正确角度 60° 的两平行平面之间 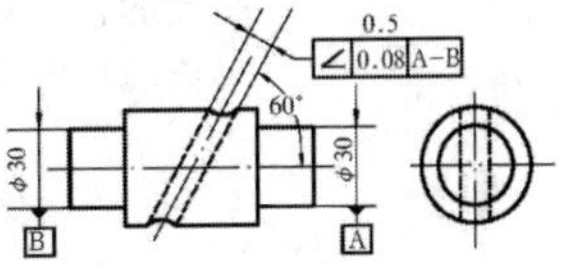

续表

公差特征及符号	公差带的定义	标注和解释
倾斜度 ∠	公差带是距离为公差值 t 且与基准面成一给定角度的两平行平面之间的区域 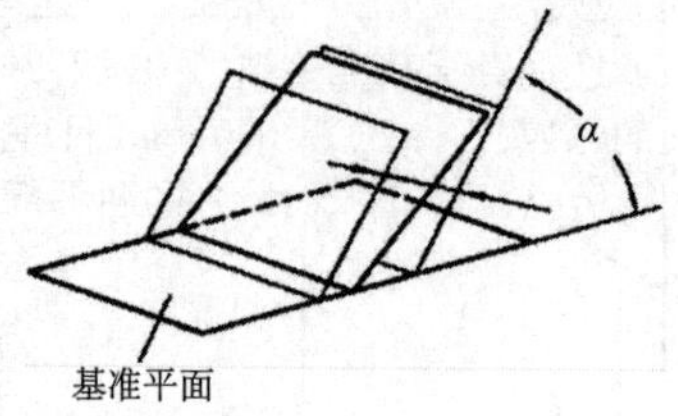	被测表面必须位于距离为公差值为 0.08mm 且与基准面 A（基准平面）成理论正确角度 40°的两平行平面之间 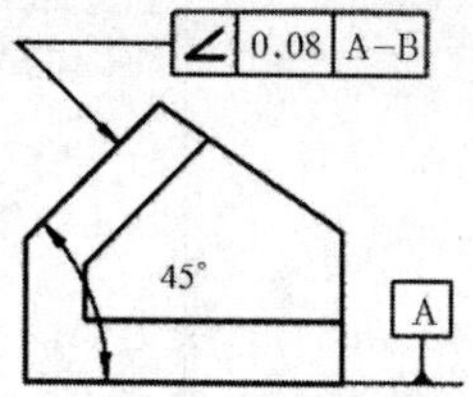
	公差带为直径等于公差值 Φt 的圆柱面所限定的区域，且与基准平面成理论角度 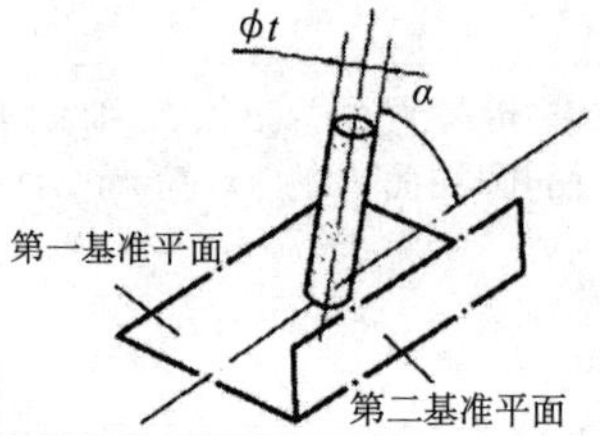	被测轴线必须位于距离为公差值 0.08mm 且与基准面 A（基准平面）成理论正确角度 60°的两平行平面之间且平行于基准平面 B 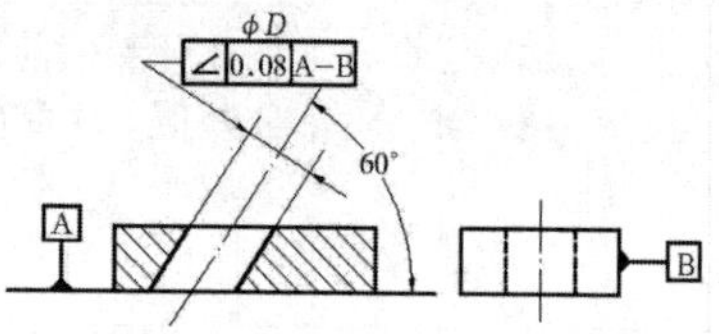

4. 位置公差及公差带

位置公差有 3 个项目：位置度、同轴度和对称度。位置公差涉及基准，公差带的方向（主要是位置）是固定的。位置公差带在控制被测要素相对于基准位置误差的同时，能够自然地控制被测要素相对于基准的方向误差和被测要素的形状误差。

（1）位置度

位置度是零件上的点、线、面等要素相对其理想位置的准确状况。位置度公差是被测要素的实际位置相对于理想位置所允许的最大变动量，用以限制被测要素偏离理想位置所允许的最大变动范围，见表 2-12。

表 2-12　位置度公差带定义、标注和解释

公差特征及符号	公差带的定义	标注和解释
位置度 ⊕	如公差值前加注 φ，公差带是直径为公差值 t 的圆内的区域。圆公差带的中心点的位置由相对于基准 A 和 B 的理论正确尺寸确定 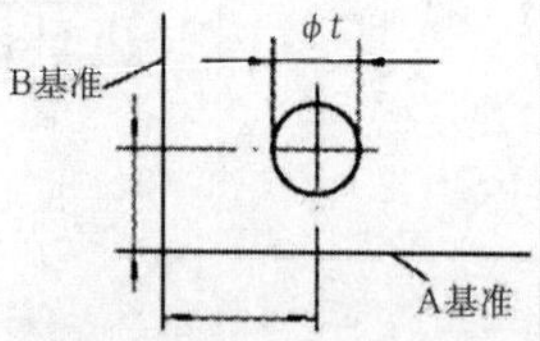	两个中心线的交点必须位于直径为公差值 0.3mm 的圆内，该圆是圆心位于由相对基准 A 和 B（基准直线）的理论正确尺寸所确定的点和理想位置上 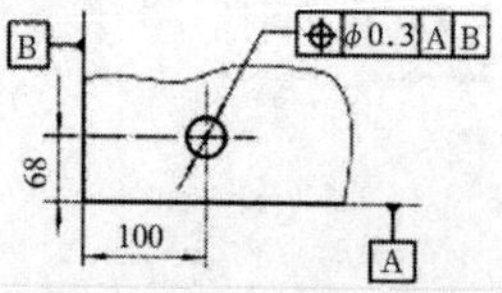

公差特征及符号	公差带的定义	标注和解释
位置度 ⊕	如公差值前加注 $S\phi$，公差带是直径为公差值 t 的球内的区域。球公差带的中心点的位置由相对于基准 A、B 和 C 的理论正确尺寸确定 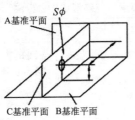	被测球的球心必须位于直径为公差值 0.03mm 的球内。该球的球心位于由相对基准 A，B，C 的理论正确尺寸所确定的理想位置上 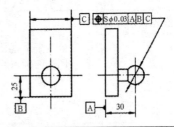
	公差带是距离为公差值 t 且以线的理想位置为中心线对称配置的两平行直线之间的区域。中心线的位置由相对于基准 A 的理论正确尺寸确定，此位置度公差仅给定一个方向 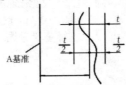	每根刻线的中心线必须位于距离为公差值 0.05mm 且相对于基准 A 的理论正确尺寸所确定的理想位置对称的诸两平行直线之间 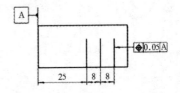
	如公差值前加注 ϕ，公差带是直径为公差值 t 的圆柱面内的区域。圆柱公差带的中心轴线位置由相对于基准 B 和 C 的理论正确尺寸确定 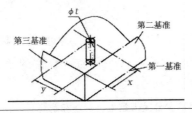	被测要素 ϕD 孔的轴线必须位于直径为公差值 $\phi 0.1$mm 的圆柱面内，该圆柱面的中心轴线位置由相对基准 B、C 的理论正确尺寸 30mm 和 40mm 确定 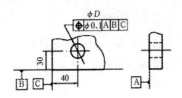
	公差带是距离为公差值 t 且以被测斜平面的理想位置为中心面对称配置的两平行平面间的区域。中心面的位置由基准轴线 A 和相对于基准面 B 的理论正确尺寸确定 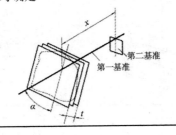	被测要素斜平面必须位于距离为公差值 0.05mm 两平行平面之间，该两平行平面的对称中心平面位置由基准轴线 A 及理论正确角度 60° 和相对于基准面 B 的理论正确尺寸 50mm 确定 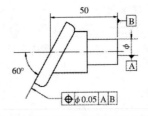

（2）同轴度（同心度）

同轴度（同心度）是表示零件上被测轴线相对于基准轴线保持在同一直线上的状况。同轴度公差是被测轴线相对于基准轴线所允许的变动全量，用以限制被测实际轴线偏离由基准轴线所确定的理想位置所允许的变动范围，见表 2-13。

表 2-13　同轴度（同心度）公差带定义、标注和解释

公差特征及符号	公差带的定义	标注和解释
同轴度（同心度） 	公差带是直径为公差值ϕt且与基准圆心同心的圆内的区域 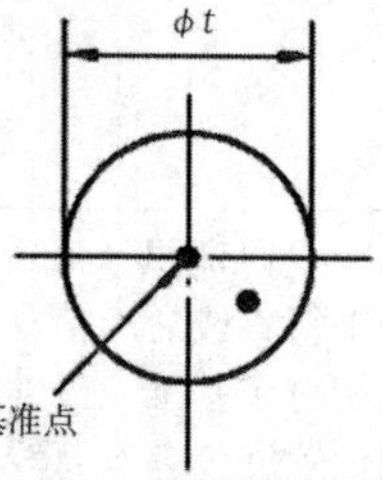 	外圆的圆心必须位于直径为公差值 0.1mm 且与基准圆心同心的圆内 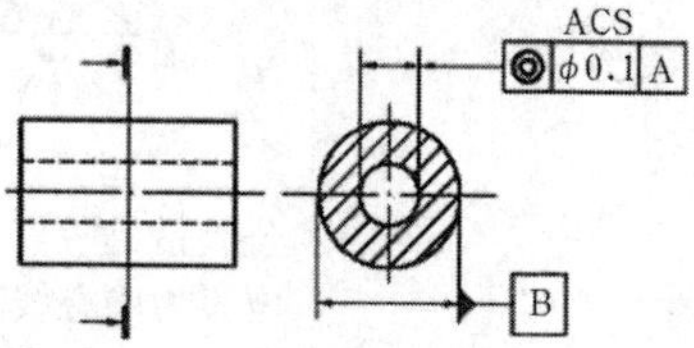
	公差带是直径为公差值ϕt的圆柱面内的区域，该圆柱面的轴线与基准轴线同轴 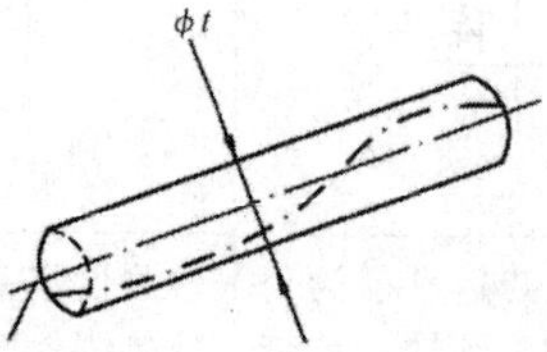 	大圆柱面的轴线必须位于直径为公差值$\phi 0.1$mm 且与公共基准线 A－B（公共基准轴线）同轴的圆柱面内 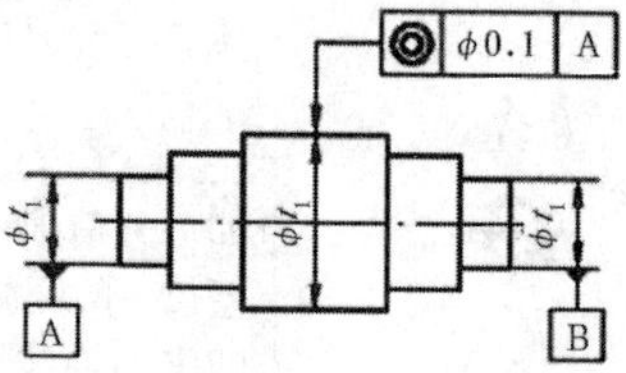

（3）对称度

对称度是表示零件上两对称中心要素保持在同一中心平面内的状态。对称度公差是实际要素的对称中心面（或中心线、轴线）对理想对称平面所允许的变动量，见表 2-14。

表 2-14　对称度公差带定义、标注和解释

公差特征及符号	公差带的定义	标注和解释
对称度 ＝	公差带是距离为公差值且相对基准的中心平面对称配置的两平行平面之间的区域 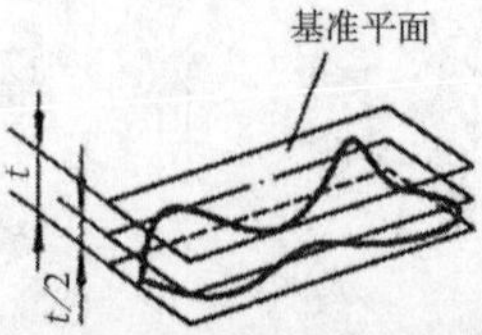 	被测中心平面必须位于距离为公差值 0.08mm 且相对于公共基准中心平面 A－B对称配置的两平行平面之间 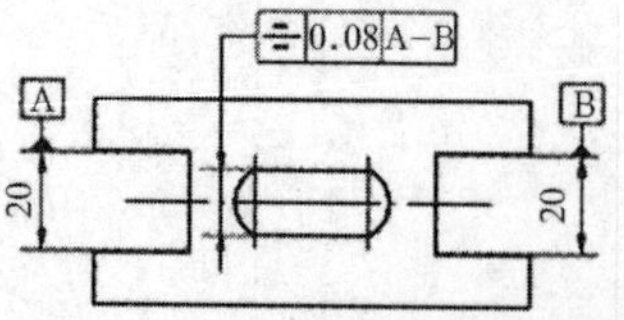

5. 跳动公差及公差带

跳动公差有两个项目：圆跳动和全跳动。跳动公差带在控制被测要素相对于基准位置误差的同时，能够自然地控制被测要素相对于基准的方向误差和被测要素的形状误差。

（1）圆跳动

圆跳动是表示零件上的回转表面在限定的测量面内相对于基准轴线保持固定位置的状况。圆跳动公差是被测实际要素绕基准轴线无轴向移动地旋转一周时，在限定的测量范围内所允许的最大变动量，见表 2-15。

表 2-15　圆跳动度公差带定义、标注和解释

公差特征及符号	公差带的定义	标注和解释
圆跳动 	公差带为在任一垂直于基准轴线的横截面内，半径差为公差值 t，圆心在基准轴线上的两同心圆所限定的区域 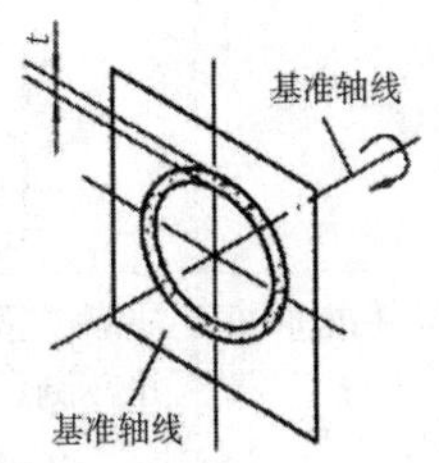 	当被测要素围绕基准线 A（基准轴线）的约束旋转一周时，在任一测量平面内的径向圆跳动量均不得大于 0.05mm 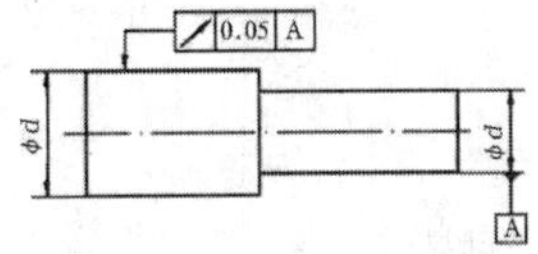
	公差带是在与基准同轴的任一半径位置的测量圆柱面上距离为 t 的两圆之间的区域 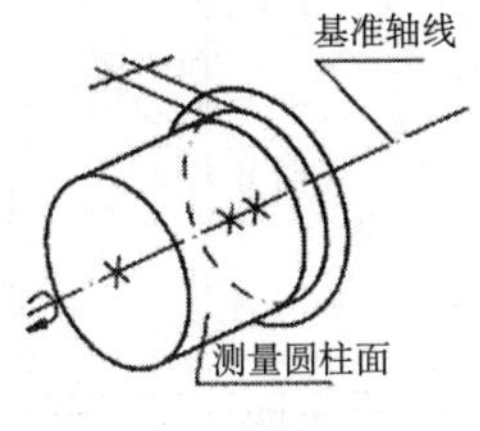 	被测面围绕基准线 D（基准轴线）旋转一周时，在任一测量圆柱面内轴向的跳动量均不得大于 0.1mm 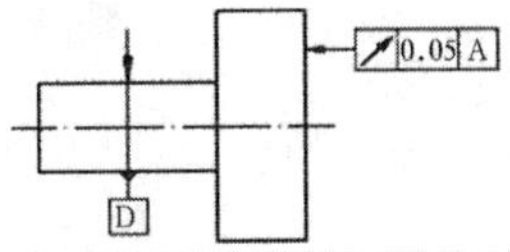
	公差带是在于基准同轴的任一测量圆锥面上距离为 t 的两圆之间的区域（除另有规定，其测量方向应与被测面垂直） 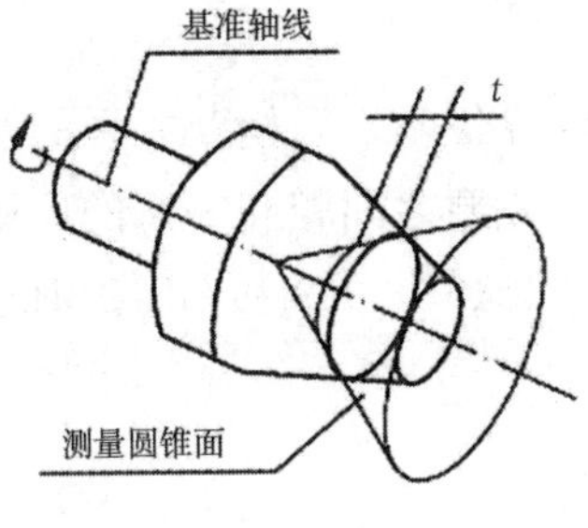 	被测面围绕基准线 A（基准轴线）旋转一周时，在任一测量圆锥面上的跳动量均不得大于 0.05mm 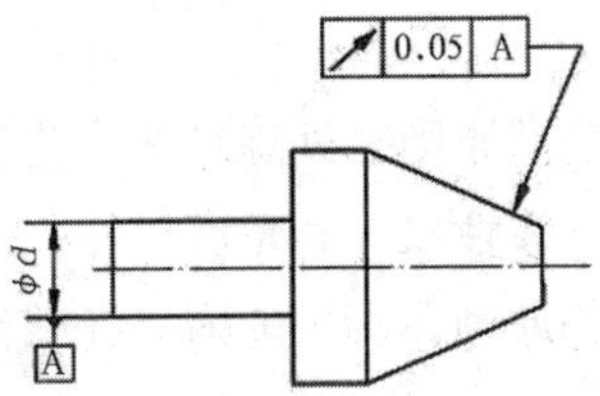

（2）全跳动

全跳动是指零件绕基准轴线连续旋转时沿整个被测表面上的跳动量。全跳动的公差是被测实际要素绕基准轴线连续旋转，同时指示器沿其理想轮廓相对移动时，所允许的最大跳动量，见表 2-16。

表 2-16　全跳动公差带定义、标注和解释

公差特征及符号	公差带的定义	标注和解释
全跳动 	公差带是半径差为公差值 t 且基准同轴的两圆柱面之间的区域 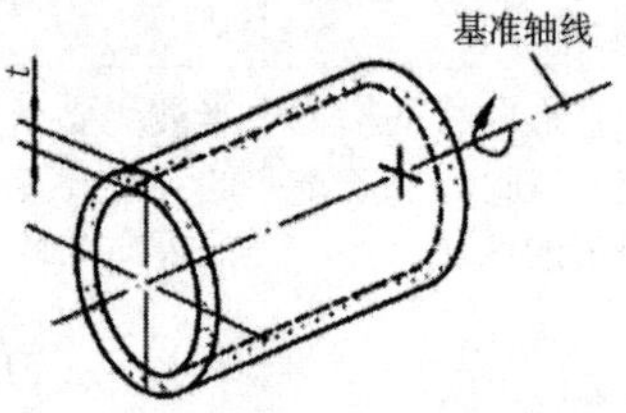	被测要素围绕公共基准线 A－B 做若干次旋转，并在测量仪器与工件间同时做轴向的相对移动时，被测要素上各点间的示值均不得大于 0.2mm。测量仪器或工件必须沿着基准轴线方向并相对于公共基准轴线 A－B 移动 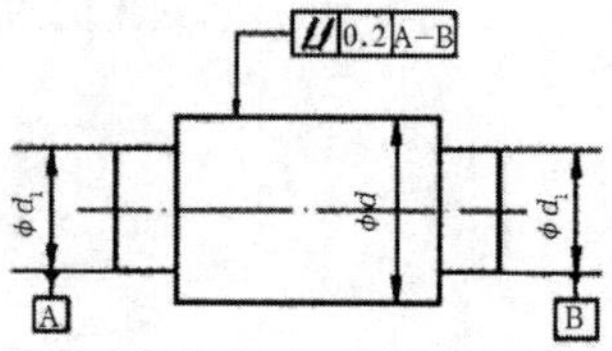
	公差带是距离为公差值 t 且与基准垂直的两平行平面之间的区域 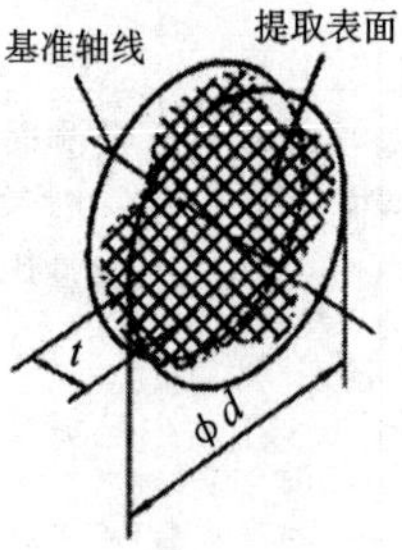	被测要素围绕基准线 D 做若干次旋转，并在测量仪器与工件间做径向相对移动时，在被测要素上各点间的示值差均不得大于 0.1mm。测量仪器或工件必须沿着轮廓具有理想正确形状的线和相对于基准轴线 D 的正确方向移动 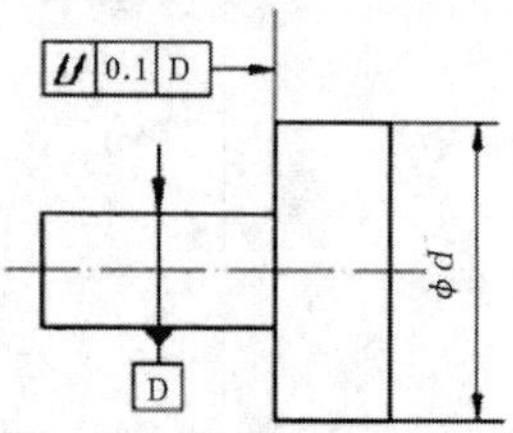

知识点 3　公差原则

公差原则是处理尺寸公差与形状、位置公差之间相互关系的基本原则，它规定了确定尺寸（线性尺寸和角度尺寸）公差和行为公差之间相互关系的原则。公差原则有独立原则和相关原则，相关的国家标准包括 GB/T 4249—2009 和 GB/T 16671—2009。

1. 有关公差原则的术语及定义

（1）作用尺寸

作用尺寸是零件装配时起作用的尺寸，它是由要素的实际尺寸与其形位误差综合形成

的。根据装配时两表面包容关系的不同，作用尺寸分为体外作用尺寸 d_{fe}、D_{fe} 和体内作用尺寸 d_{fi}、D_{fi}，如图 2-20 所示。

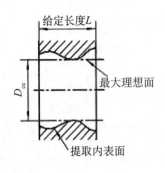 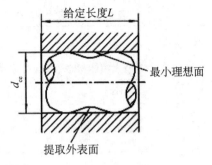

（a）体外作用尺寸

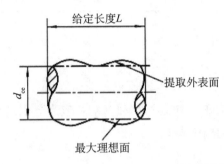 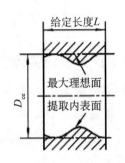

（b）体内作用尺寸

图 2-20　作用尺寸

（2）实体状态和实体尺寸（表 2-17）

1）最大实体状态（MMC）、最大实体尺寸（MMS）和最大实体边界（MMB）

最大实体状态是指实际要素在给定长度上处处位于尺寸公差带内，并且有实体最大时的状态。最大实体状态下的极限尺寸称为最大实体尺寸，此时边界为最大实体边界。

2）最小实体状态（LMC）、最小实体尺寸（LMS）和最小实体边界（LMB）

最小实体状态是指实际要素在给定长度上处处位于尺寸公差带内，并且有实体最小时的状态。最小实体状态下的极限尺寸称为最小实体尺寸，此时边界为最小实体边界。

（3）实体实效状态、实体实效尺寸和实体实效边界（表 2-17）

1）最大实体实效状态（MMVC）、最大实体实效尺寸（MMVS）和最大实体实效边界（MMVB）

在给定长度上，实际尺寸要素处于最大实体状态，且其中心要素的形状或位置误差等于给出公差值时的综合极限状态，称为最大实体实效状态。最大实体实效状态的体外尺寸称为最大实体实效尺寸，此时边界为最大实体实效边界。

2）最小实体实效状态（LMVC）、最小实体实效尺寸（LMVS）和最小实体实效边界（LMVB）

在给定长度上，实际尺寸要素处于最小实体状态，且其中心要素的形状或位置误差等于给出公差值时的综合极限状态，称为最小实体实效状态。最小实体实效状态的体内尺寸称为最小实体实效尺寸，此时边界为最小实体实效边界。

表 2-17　外表面（轴）和内表面（孔）在各状态的尺寸

零件状态	零件尺寸	边界	外表面（轴）	内表面（孔）
实体状态	最大实体状态	最大实体边界	上极限尺寸	下极限尺寸
	最小实体状态	最小实体边界	下极限尺寸	上极限尺寸
实效状态	最大实体实效状态	最大实体实效边界	最大实体尺寸＋几何公差值	最大实体尺寸－几何公差值
	最小实体实效状态	最小实体实效边界	最小实体尺寸－几何公差值	最小实体尺寸＋几何公差值

2. 独立原则及相关要求

（1）独立原则

图样上给定的每个尺寸、形状、位置等要求，均是互相独立的，应当分别满足图样要求，即尺寸公差控制尺寸误差，几何公差控制形位误差。

（2）相关要求

相关要求可分为包容要求、最大实体要求和最小实体要求及其可逆要求，如图 2-21 所示。

1）包容要求：包容要求适用于单一要素，其实际轮廓不得超出最大实体边界，且局部实际尺寸不超出最小实体尺寸。采用包容要求的尺寸要素应在其尺寸极限偏差或公差带代号之后加注符号"Ⓔ"。包容要求主要用于配合性质要求较严格的配合表面，用最大实体边界保证所需的最小间隙或最大过盈。如回转轴的轴颈和滑动轴承、滑动套筒和孔、滑块和滑动槽等。

2）最大实体要求：最大实体适用于导出要素，它要求被测要素的实际轮廓应遵守其最大实体实效边界，当其实际尺寸偏离最大实体尺寸时，允许其形位公差值超出其给定的公差值，即允许形位公差增大，在保证零件可装配的场合下降低加工难度。最大实体要求符号"Ⓜ"，标注在形位公差框格中的公差值（用于被测要素）或基准字母（用于基准要素）后面。

3）最小实体要求：最小实体要求适用于导出要素，它要求被测要素的实际轮廓遵守最小实体实效边界，当其实际尺寸偏离最小实体尺寸时，允许其形位误差值超出其给出的公差值。既可用于被测要素，也可应用于基准要素。最小实体要求符号"Ⓛ"，标注在的形位公差框格中的公差值（被测要素）或基准字母（用于基准要素）后面。

4）可逆要求：可逆要求是在不影响零件功能的前提下，允许尺寸公差补偿给几何公差，反过来也允许几何公差补偿尺寸公差的要求。可逆要求是最大实体要求或最小实体要求的附加要求，即可逆要求不能单独使用，只能与最大实体要求或最小实体要求一起使用。可逆要求符号"Ⓡ"，标在被测要素几何公差值的符号"Ⓜ"或"Ⓛ"后面。

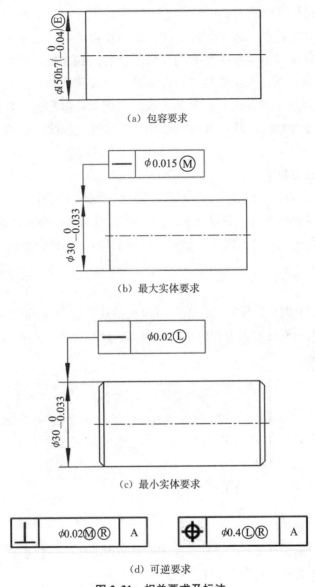

(a) 包容要求

(b) 最大实体要求

(c) 最小实体要求

(d) 可逆要求

图 2-21 相关要求及标注

知识点 4 几何公差的选用

正确、合理选用几何公差，对保证产品质量和提高经济效益具有十分重要的意义。几何公差的选用主要包括几何公差项目选择、公差等级与公差值选择、公差原则选择和基准要素选择。

1. 几何公差项目选择

几何公差项目的选择取决于零件的几何特征、功能要求及检测的方便性。

（1）考虑零件的几何特征

在进行几何特征选择前，首先分析零件的结构特点及使用要求，确定是否需要标注几何公差。形状公差项目主要是按要素的几何形状特征制定的，因此要素的几何特征是选择公差项目的基本依据。方向或位置公差项目是按要素间几何方位关系制定的，所以关联要素的公差项目以几何方位关系为基本依据。例如，阶梯轴零件的组成要素是圆柱面、端面，导出要素是轴线，所以可选择圆度、圆柱度、轴线的直线度及素线直线度等几何公差项目。

（2）考虑零件的功能要求

零件的功能要求不同，对几何公差应提出不同的要求，应分析几何误差对零件使用性能的影响。例如，阶梯轴零件，其轴线位置有要求，可选用同轴度或跳动度公差；又如，平面的形状误差会影响支承面安置的平稳和定位可靠性，影响贴合面的密封性和滑动面的磨损。

（3）检测方便性

为了检测方便，有时可将所需的公差项目用控制效果相同或相近的公差项目代替。例如，要素为圆柱面时，圆柱度是理想的项目，但圆柱度检测不便，可选用圆度、直线度或跳动公差等进行控制。

如何选择要素几何特征

- ◆ 根据零件上要素本身的几何特征及要素间的互相方位关系进行选择；
- ◆ 如果在同一要素上标注若干几何公差项目，则应考虑选择综合项目以控制误差；
- ◆ 应选择测量简便的项目；
- ◆ 参照国家标准的规定进行选择。

---

2. 基准选择

选择基准时应根据设计要求，兼顾基准统一和结构特征，一般考虑以下几点。

（1）根据零件各要素的功能要求进行选择

一般选择主要配合表面作为基准，如轴颈、轴承孔、安装定位面等。

（2）根据装配关系进行选择

应选零件上相互配合、相互接触的定位要素作为各自的基准，如对于盘、套类零件，一般是以其内孔轴线作为径向定位装配，或以其端面进行轴向定位。

（3）根据加工定位的需要和零件结构进行选择

应选择宽大的平面、较长的轴线做基准以使定位稳定。复杂结构零件，应选 3 个基准面。

（4）根据检测的方便程度进行选择

应选择在检测中装夹定位的要素作为基准，并尽可能将装配基准、工艺基准与检测基准统一起来。

3. 公差原则选择

公差原则的选择主要根据被测要素的功能要求，综合考虑各种公差原则的应用场合和可行性、经济性。表 2-18 列出了几种公差原则的应用场合和示例，可供选择参考。

表 2-18　公差原则选择示例

公差原则	应用场合	示例
独立原则	尺寸精度与形位精度需要分别满足要求	齿轮箱体孔的尺寸精度与两孔轴线的平行度；连杆活塞销孔的尺寸精度与圆柱度；滚动轴承内、外圈滚道的尺寸精度与形状精度
	尺寸精度与形位精度要求相差较大	滚筒类零件尺寸精度要求很低，形状精度要求较高；平板的尺寸精度要求不高，形状精度要求很高；通油孔的尺寸有一定精度要求，形状精度无要求
	尺寸精度与形位精度无联系	滚子链条的套筒或滚子内、外圆柱面的轴线同轴度与尺寸精度；发动机连杆上的尺寸精度与孔轴线间的位置精度
	保证运动精度	导轨的形状精度要求严格，尺寸精度要求一般
	保证密封性	气缸的形状精度要求严格，尺寸精度要求一般
	为注尺寸公差或未注几何公差	如退刀槽、倒角、圆角等非功能要素
包容要求	保证国家标准规定的配合性质	保证最小间隙为零，如 $\phi30H7$ Ⓔ孔与 $\phi30h6$ Ⓔ轴的配合
	尺寸公差与形位公差间无严格比例关系要求	一般的孔与轴配合，只要求作用尺寸不超越最大实体尺寸，局部实际尺寸不超越最小实体尺寸
最大实体要求	保证关联作用尺寸不超过最大实体尺寸	关联要素的孔与轴的配合性质要求，在公差框格的第二格标注"Ⓜ"
	保证可装配性	如轴承盖上用于穿过螺钉的通孔，法兰盘上用于穿过螺栓的通孔
最小实体要求	保证零件强度和最小壁厚	如孔组轴线的任意方向位置度公差，采用最小实体要求可保证孔组间的最小壁厚
可逆要求	与最大（最小）实体要求联用	能充分利用公差带，扩大被测要素实际尺寸的变动范围，在不影响使用性能要求的前提下可以选用

公差原则的可行性与经济性是相对的，在实际选择时应具体情况具体分析，同时还需从零件尺寸大小和检测的方便程度进行考虑。

4. 几何公差值的选择

几何公差值的选择原则与尺寸公差一样，即在满足零件功能要求的前提下选取较低的公差值。同时应注意，对于同一被测要素，形状公差值、方向公差值、位置公差值、尺寸公差值应满足下列关系：

$$T_{形状} < T_{方向} < T_{位置} < T_{尺寸}$$

几何公差值的大小是由几何公差等级决定的，而公差等级的大小代表几何公差的精度。国家标准将公差等级分为 12 级，即 1～12 级，精度依次降低。

对于几何公差有较高要求的零件，均应在图样上按规定方法注出公差值。几何公差值的大小由几何公差等级和零件的主参数确定。图样上未注公差值的要素并不是没有几何公差精度要求，其精度要求由未注公差来控制。国家标准 GB/T 1184—1996 中各几何公差值表及未注公差的数值表可查看相关手册。

几何公差值常用类比法确定，主要考虑零件的使用性能、加工的可能性和经济性等因素，还需要考虑：形状公差与方向、位置公差的关系，几何公差与尺寸公差的关系，几何公差与表面粗糙度的关系，零件的结构特点等。表 2-19～表 2-22 列出了各种几何公差等级的应用举例，附表 A-4～附表 A-8 为几种公差数值表及位置度公差指数系表，可供参考。

表 2-19 直线度、平面度等级应用

公差等级	应用举例
1，2	用于精密量具、测量仪器及精度要求高的精密机械零件，如量块、零级样板、平尺、零级宽平尺、工具显微镜等精密量仪的导轨面
3	1 级宽平尺工作面，1 级样板平尺的工作面，测量仪器圆弧导轨的直线度，量仪的测杆等
4	零级平板，测量仪器的 V 形导轨，高精度平面磨床的 V 形导轨和滚动导轨等
5	1 级平板，2 级宽平尺，平面磨床的导轨、工作台，液压龙门刨床导轨面，柴油机进气、排气阀门导杆等
6	普通机床导轨面，柴油机机体结合面
7	2 级平板，机床主轴箱结合面，液压泵盖、减速器壳体结合面等
8	机床传动箱体、挂轮箱体、溜板箱体，柴油机汽缸体，连杆分离面，缸盖结合面，汽车发动机缸盖，曲轴箱结合面，液压管件和法兰连接面等
9	自动车床床身底面，摩托车曲轴箱体，汽车变速箱壳体，手动机械的支承面等

表 2-20 圆度、圆柱度公差等级应用

公差等级	应用举例
0，1	高精度量仪主轴，高精度机床主轴，滚动轴承的滚珠和滚柱等
2	精密量仪主轴、外套、阀套高压油泵柱塞及套，纺锭轴承，高速柴油机进、排气门，精密机床主轴轴颈，针阀圆柱表面，喷油泵柱塞及柱塞套等
3	高精度外圆磨床轴承，磨床砂轮主轴套筒，喷油嘴针，阀体，高精度轴承内外圈等
4	较精密机床主轴、主轴箱孔，高压阀门，活塞，活塞销，阀体孔，高压油泵柱塞，较高精度滚动轴承配合轴，铣削动力头箱体孔等

公差等级	应用举例
5	一般计量仪器主轴、测杆外圆柱面，陀螺仪轴颈，一般机床主轴轴颈及轴承孔，柴油机、汽油机的活塞、活塞销，与 P6 级滚动轴承配合的轴颈等
6	一般机床主轴及前轴承孔，泵、压缩机的活塞、气缸，汽油发动机凸轮轴，纺机锭子，减速传动轴轴颈，高速船用发动机曲轴，拖拉机曲柄主轴颈，与 P6 级滚动轴承配合的外壳孔，与 P0 级滚动轴承配合的轴颈等
7	大功率低速柴油机曲轴轴颈、活塞、活塞销、连杆、气缸，高速柴油机箱体轴承孔，千斤顶或压力油缸活塞，机车传动轴，水泵及通用减速器转轴轴颈，与 P0 级滚动轴承配合的外壳孔等
8	低速发动机、大功率曲柄轴轴颈，压气机连杆盖、体，拖拉机气缸、活塞，炼胶机冷铸轴辊，印刷机传墨辊，内燃机曲轴轴颈，柴油机凸轮轴承孔，凸轮轴，拖拉机、小型船用柴油机气缸套等
9	空气压缩机缸体，液压传动筒，通用机械杠杆与拉杆用套筒销子，拖拉机活塞环、套筒孔

表 2-21　平行度、垂直度、倾斜度公差等级应用

公差等级	应用举例
1	高精机床、测量仪器、量具等主要工作面和基准面等
2，3	精密机床、测量仪器、量具、模具的工作面和基准面，精密机床的导轨，重要箱体主轴孔对基准面的要求，精密机床主轴轴肩端面，滚动轴承座圈端面，普通机床的主要导轨，精密刀具的工作面和基准面等
4，5	普通机床导轨，重要支承面，机床主轴孔对基准的平行度，精密机床重要零件，计量仪器、量具、模具的工作面和基准面，床头箱体重要孔，通用减速器壳体孔，齿轮泵的油孔端面，发动机轴和离合器的凸缘，气缸支承端面，安装精密滚动轴承壳体孔的凸肩等
6，7，8	一般机床的工作面和基准面，压力机和锻锤的工作面，中等精度钻模的工作面，机床一般轴承孔对基准的平行度，变速器箱体孔，主轴花键对定心直径部位轴线的平行度，重型机械轴承盖端面，卷扬机、手动传动装置中的传动轴，一般导轨、主轴箱体孔，刀架，砂轮架，气缸配合面对基准轴线，活塞销孔对活塞中心线的垂直度，滚动轴承内、外圈端面对轴线的垂直度等
9，10	低精度零件，重型机械滚动轴承端盖，柴油机、煤气发动机箱体曲轴孔、曲轴颈、花键轴和周肩端面，带运输机法兰盘等端面对轴线的垂直度，手动卷扬机及传动装置中的轴承端面，减速器壳体平面等

表 2-22　同轴度、对称度、跳动公差等级应用

公差等级	应用举例
1，2	精密测量仪器的主轴和顶尖，柴油机喷油嘴针阀等
3，4	机床主轴轴颈，砂轮轴轴颈，汽轮机主轴，测量仪器的小齿轮轴，安装高精度齿轮的轴颈等

公差等级	应用举例
5	机床轴颈，机床主轴箱孔，套筒，测量仪器的测量杆，轴承座孔，汽轮机主轴，柱塞油泵转子，高精度轴承外圈，一般精度轴承内圈等
6，7	内燃机曲轴，凸轮轴轴颈，柴油机机体主轴承孔，水泵轴，油泵柱塞，汽车后桥输出轴，安装一般精度齿轮的轴颈，涡轮盘，测量仪器杠杆轴，电机转子普通滚动轴承内圈，印刷机传墨辊的轴颈，键槽等
8，9	内燃机凸轮轴孔，连杆小端铜套，齿轮轴，水泵叶轮，离心泵体，气缸套外径配合面对内径工作面，运输机械滚筒表面，压缩机十字头，安装低精度齿轮用轴颈，棉花精梳机前后滚子，自行车中轴等

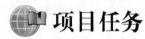

项目任务

任务 1　用偏摆仪和百分表测量跳动误差

1. 任务导入

用偏摆仪和百分表测量阶梯轴的径向全跳动、圆跳动，判断被测轴是否合格。

2. 任务分析

（1）偏摆仪测量原理

如图 2-22 所示，偏摆仪主要用于测量轴类零件的跳动误差，仪器利用两顶尖定位轴类零件来体现基准轴线。

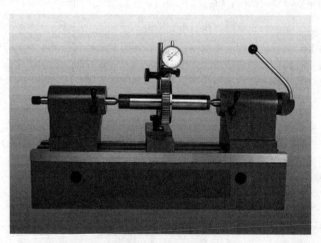

图 2-22　偏摆仪

测量圆跳动时，转动被测零件，测头在被测零件径向上直接测量零件的径向跳动误差。指示器最大读数差值即为该截面的径向圆跳动误差。测量若干个界面的径向圆跳动误差，取其中最大误差值作为该零件的径向跳动误差。

测量径向全跳动误差时，使指示器测头在法线方向上与被测表面接触，连续转动被测零件，同时使指示器测头沿基准轴线的方向做直线运动。在整个测量过程中观察指示器的示值变化，取指示器读数最大差值，作为该零件的径向全跳动误差。最后将测量结果与公差值比较，判断阶梯轴是否合格。

偏摆仪结构简单，操作方便，顶尖座手压柄可快速装卸被测零件，测量效率高，应用非常广泛。

（2）偏摆仪操作注意事项

1）偏摆仪是精密的检测仪器，操作者必须熟练掌握仪器的操作技能，精心地维护保养。

2）偏摆仪必须始终保持设备完好，设备安装应平衡可靠，导轨面要光滑，无磕碰伤痕，两顶尖同轴度允差应在 $L=400\text{mm}$ 范围内小于 0.02mm。

3）在工件检测前应先用 $L=400\text{mm}$ 检验棒和百分表对偏摆仪进行精度校验，在确保合格后，方可使用。

4）工件检测时应小心轻放，导轨面上不允许放置任何工具或工件。

5）工件检测完后，应立即对仪器进行维护保养，导轨及顶尖套应上油防锈，并保持周围环境整洁。

6）每月底应对偏摆仪进行精度实测检查，确保设备完好，并做好实测记录。

（3）百分表测量原理

如图 2-23 所示，将百分表装卡和调好后，使被测工件旋转一周，百分表的最大读数与最小读数之差，即为该剖面的径向圆跳动值。对于径向要求比较高的工件，应多检测几个剖面，取各剖面上测得数值中的最大值作为该表面的径向圆跳动。

检测端面圆跳动的方法与检测径向圆跳动的方法相同。但是，检测端面圆跳动，是在给定直径的圆周上，被测端面各点与垂直于基准轴心线的平面面间最大与最小距离之差，在不同直径上其端面圆跳动的数值是不同的。若未给定直径，应该在被测表面的最大直径上测量端面圆跳动。要特别注意的是，测量时不允许被测件有轴向移动。

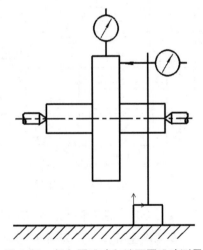

图 2-23　径向圆跳动和端面圆跳动测量

（4）百分表注意事项

1）不能用表去测量表面粗糙度大的毛坯工件或者凹凸变化量很大的工件，防止过早损坏表的零件，使用中应避免量杆过多地做无效运动，以防加快传动件的磨损。

2）测量时，量杆的移动不宜过大，更不可超过它的量程终止端，绝对不可敲打表的任何部位，以防损坏表的零件。

3）不要无故拆卸表内零件，不许将表浸放在冷却液或其他液体内使用。

4）百分表使用后，要擦净装盒，不能任意涂擦油类，以防粘上灰尘影响灵活性。

任务2　读图熟悉典型零件几何公差的选用、标注与测量

1. 任务引入

读定位销轴、车床尾座套筒。

2. 任务分析

（1）定位销轴零件几何公差分析

定位销轴零件如图 2-24 所示。

1）以 $\phi 20^{+0.018}_{0}$ mm 轴段的轴线为基准，尺寸 $\phi 18^{+0.018}_{0}$ mm 轴段与尺寸 $\phi 20^{+0.018}_{0}$ mm 轴段的同轴度公差要求为 $\phi 0.02$ mm。

2）以 $\phi 20^{+0.018}_{0}$ mm 轴段的轴线为基准，尺寸为 $\phi 30$ mm 的圆柱端面与基准轴线的垂直度为公差为 0.02mm。

3）同轴度和在垂直度的检验可采用如图 2-25 所示的工具检测，也可以采用偏摆仪检测。先将工件装在偏摆仪上，将百分表触头与工件外圆最高点接触，然后转动工件，用百分表测量外圆的跳动量，即为同轴度误差，测量端面的跳动量，即为垂直度误差。

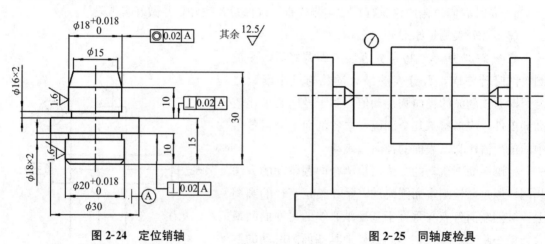

图 2-24　定位销轴　　　　　　　　　　　　　图 2-25　同轴度检具

（2）车床尾座套筒几何公差分析

车床尾座套筒零件如图 2-26 所示。

1）$\phi 55^{0}_{-0.013}$ mm 外圆的圆柱度公差为 0.005mm。$\phi 55^{0}_{-0.013}$ mm 外圆的圆柱度检验，可将工件外圆放置在标准 V 形块上（V 形块放在标准平板上），用百分表测量所得外圆点最大读数与最小读数之差为该截面圆度值，取最大圆度值为圆柱度值（图 2-27）。也可以采用偏摆仪，先测出工件的圆度值，然后再计算出圆柱度值。

2）莫氏 4 号锥孔轴线与 $\phi 55^{0}_{-0.013}$ mm 外圆轴线的同轴度公差为 $\phi 0.01$ mm。

3）莫氏 4 号锥孔轴线对 $\phi 55^{0}_{-0.013}$ mm 外圆轴线的径向跳动公差为 0.01mm。

4）$\phi 8^{+0.085}_{+0.035}$ mm 宽键槽对 $\phi 55^{0}_{-0.013}$ mm 外圆轴线的平行度公差为 0.025mm，对称度公差

为 0.1mm。$\phi 8^{+0.085}_{+0.035}$ 宽键槽对称度的检验，采用键槽对称度量规进行检查（图 2-28）。

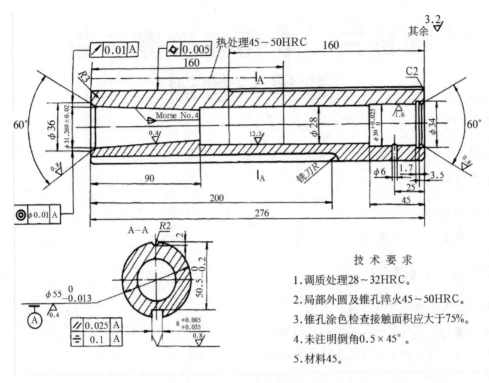

技术要求

1. 调质处理28～32HRC。

2. 局部外圆及锥孔淬火45～50HRC。

3. 锥孔涂色检查接触面积应大于75%。

4. 未注明倒角0.5×45°。

5. 材料45。

图 2-26 车床尾座套筒

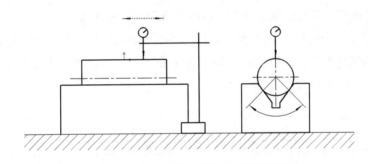

图 2-27 在 V 形块上检测工件的圆度值

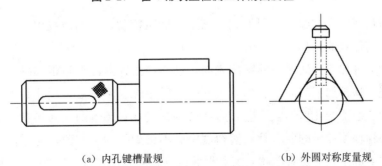

（a）内孔键槽量规　　　　　　（b）外圆对称度量规

图 2-28 键槽对称度量规

项目三　表面粗糙度参数选用与检测

【项目内容】

◆ 表面粗糙度标注和参数选用；

◆ 机械零件表面粗糙度的检测方法。

【知识点与技能点】

◆ 零件表面粗糙度的概念、主要术语；

◆ 表面粗糙度对零件使用性能的影响；

◆ 表面粗糙度的主要评定参数及选用；

◆ 表面粗糙度的标注规定；

◆ 表面粗糙度的常用检测方法与使用范围；

◆ 使用常用检测仪器对机械零件表面粗糙度进行测量的技巧。

零件在制造过程中应满足加工要求，通常称为技术要求，如表面粗糙度、尺寸公差、几何公差及材料热处理等。表面粗糙度属于集合技术规范（GPS）中表面结构的表示方法GB/T 131—2006/ISO 1302：2002 范畴。

知识点1　表面粗糙度的概念

表面结构是指零件表面的几何形貌，它是表面粗糙度、表面波纹度、表面纹理、表面缺陷和表面几何形状的总称。

无论通过何种加工方法得到的零件表面，总会存在着由较小间距和峰谷组成的微量高低不平的痕迹。这种加工表面具有的较小间距和微小峰谷不平度，叫作表面粗糙度。表面粗糙度是微观状态下的几何形状误差，形状误差是宏观状态下的几何形状误差。在设计零件时，对表面粗糙度提出的要求是几何精度中必不可少的一个方面，对零件的工作性能有重大影响，它不同于表面宏观形状（宏观形状误差）和表面波纹度（中间形状误差），这三者通常在一个表面轮廓叠加出现。通常波距λ（相邻的峰间距离或谷间距离）小于 1mm 的属于表面粗糙度，间距在 1～10mm 的属于表面波纹度，而间距大于 10mm 的属于形状误差，如图 3-1 所示。

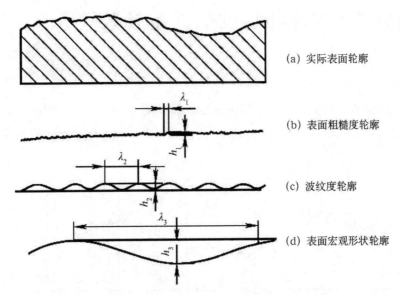

(a) 实际表面轮廓

(b) 表面粗糙度轮廓

(c) 波纹度轮廓

(d) 表面宏观形状轮廓

图 3-1　表面宏观形状、波纹度和粗糙度轮廓

表面粗糙度对机械零件的使用性能有很大的影响，主要体现在以下几个方面。

（1）表面粗糙度影响配合性质的稳定性。对间隙配合来说，表面越粗糙，就越容易磨损，使工作过程中的间隙逐渐增大；对过盈配合来说，由于装配时将微观凸峰挤平，减小了实际有效过盈量，降低了联结强度。

（2）表面粗糙度影响零件的疲劳强度。粗糙的零件表面存在着较大的波谷，就像尖角缺口和裂纹一样，对应力集中很敏感，增大了零件疲劳损坏的可能性，从而降低了零件的疲劳强度。

（3）表面粗糙度影响零件的抗腐蚀性。粗糙的表面，会使腐蚀性气体或液体更容易积聚在上面，同时通过表面的微观凹谷向零件表层渗透，使腐蚀加剧。

（4）表面粗糙度影响零件的密封性。粗糙的表面之间无法严密的贴合，气体或液体会通过接触面间的缝隙渗漏。降低零件表面粗糙度数值，可提高其密封性。

（5）表面粗糙度影响零件的接触刚度。零件表面越粗糙，表面间的接触面积就越小，峰顶处的局部塑性变形就越大，接触刚度降低，进而影响零件的工作精度和抗振性。

（6）表面粗糙度影响零件的摩擦、磨损。两接触表面做相对运动时，表面越粗糙，摩擦阻力越大，使零件表面磨损速度越快，耗能越多，且影响相对活动的灵敏性。但表面过于光洁，会不利于润滑油的储存，易使工作面间形成半干摩擦或干摩擦，反而使摩擦系数增大，加剧磨损。

此外，表面粗糙度对零件的测量精度、外观、镀涂层、导热性和接触电阻、反射能力和辐射性能、液体和气体流动的阻力、导体表面电流的流通等都会有不同程度的影响。

知识点 2 表面粗糙度的评定参数

1. 基本术语

为了客观地评定表面粗糙度，首先要确定测量的长度范围和方向，即评定基准。评定基准是在实际轮廓线上量取得到的一段长度，它包括取样长度、评定长度和基准线，如图3-2所示。

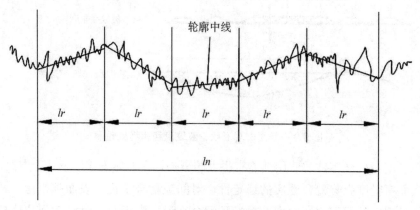

图 3-2 取样长度和评定长度

（1）取样长度 lr

取样长度（Sampling Length）是用于判别具有表面粗糙度特征的一段基准线长度。从图 3-1 中可以看出，实际表面轮廓同时存在宏观形状误差、表面波纹度和表面粗糙度，当选取的取样长度不同时得到的高度值是不同的。规定和选择这段长度是为了限制和减弱其他几何形状误差，特别是表面波纹度对表面粗糙度测量结果的影响。

如果取样长度过长，则有可能将表面波纹度的成分引入到表面粗糙度的结果中；如果取样长度过短，则不能反映被测表面粗糙度的实际情况。如图 3-2 所示，在一个取样长度 lr 范围内，一般应至少包含 5 个轮廓峰和 5 个轮廓谷。

（2）评定长度 ln

评定长度（Evaluation）是评定轮廓所必需的一段长度，它可以包括一个或几个取样长度。由于加工表面的粗糙度并不均匀，只取一个取样长度中的粗糙度值来评定该表面粗糙度的质量是不够客观的，所以通常我们会取几个连续的取样长度，取其平均测量值作为测量结果。国家标准推荐为 $ln=5\ lr$，即一般情况以 5 个取样长度作为评定长度，见表 3-1。

表 3-1　取样长度 *lr* 和评定长度 *ln* 的选用值

Ra（μm）	Rz（μm）	标准取样长度 lr		标准长度
		λs（mm）	lr＝λc（mm）	ln＝5×lr（mm）
≥0.008~0.02	≥0.025~0.1	0.0025	0.08	0.4
>0.~0.1	>0.1~0.5	0.0025	0.25	1.25
>0.1~2	>0.5~10	0.0025	0.8	4
>2~10	>10~50	0.008	2.5	12.5
>10~80	>50~320	0.025	8	40

（3）轮廓中线（基准线）

轮廓中线是指具有几何轮廓形状并划分轮廓的基准线，它是用以评定表面粗糙度参数而给定的线，又称基准线，如图 3-2 所示。

（4）轮廓滤波器、传输带

滤波器可以将表面轮廓分为长波成分和短波成分，其中长波轮廓滤波器是指确定粗糙度与波纹度成分之间相交界限的滤波器，以 λc（或 Lc）表示长波轮廓滤波器的截止波长，在数值上 $\lambda c = lr$。短波轮廓滤波器是指确定存在于表面上的粗糙度与比它更短的波的成分之间相交界限的滤波器，以 λs（或 Ls）表示短波轮廓滤波器的截止波长。

传输带是指短波轮廓滤波器和长波轮廓滤波器截止波长值之间的波长范围（$\lambda s \sim \lambda c$）。粗糙度和波纹度轮廓的传输特性如图 3-3 所示。

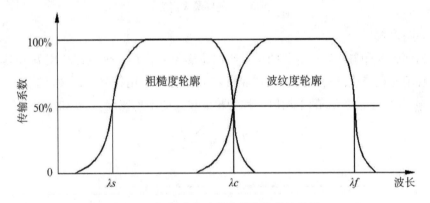

图 3-3　粗糙度和波纹度轮廓的传输特性

2. 表面粗糙度的评定参数

为了满足机械产品对零件表面的各种功能要求，国标 GB/T 3505—2009 从表面微观几何形状的幅度、间距等方面的特征，规定了一系列相应的评定参数。下面介绍其中的几个主要参数。

（1）幅度参数

1）轮廓算术平均偏差 Ra：轮廓算术平均偏差是指在一个取样长度 *lr* 范围内，被评定轮廓上各点至中线的纵坐标 $Z(x)$ 绝对值的算术平均值，如图 3-4 所示。

$$Ra = \frac{1}{n} \sum_{i=1}^{n} \left| Zi \right|$$

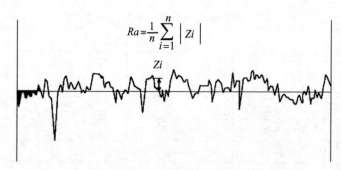

图 3-4　轮廓算术平均偏差

2）轮廓最大高度 Rz：在一个取样长度 lr 内，最大轮廓峰高和最大轮廓谷深之和（图 3-5），即 $Rz = Zp + Zv$。Zp 为最大轮廓峰高，如图 3-5 中的 Zp_6，Zv 为最大轮廓谷深，如图 3-5 中的 Zy_2。此时 $Rz = Zp_6 + Zv_2$。

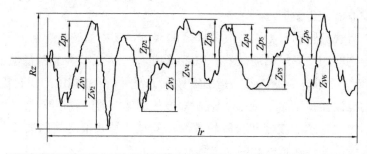

图 3-5　轮廓最大高度

（2）间距参数

一个相邻轮廓峰与相邻轮廓谷的组合叫作轮廓单元。在一个取样长度 lr 范围内，中线与各个轮廓单元相交线段的长度，叫作轮廓单元的宽度，用符号 Xs_i 表示。在一个取样长度 lr 内，轮廓单元宽度 Xs 的平均值，称为轮廓单元的平均宽度 Rsm 如图 3-6 所示。

$$Rsm = \frac{1}{n} \sum_{i=1}^{n} Xs_i$$

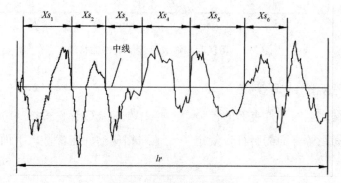

图 3-6　轮廓单元的宽度

知识点 3　表面粗糙度的标注

1. 表面粗糙度的符号及其意义

图样上所标注的表面粗糙度符号、代号是指该表面完工后的要求。图样上表示零件表面粗糙度的符号见表 3-2。

表 3-2　表面粗糙度的图样符号及说明（GB/T 131—2006）

符号	意义及说明
√	基本符号，表示表面可用任何方法获得。当不加注粗糙度参数值或有关说明（例如表面处理、局部热处理状况等）时，仅适用于简化代号标注
√	基本符号加一短横线，表示表面是用去除材料的方法获得，例如车、铣、磨、剪切、抛光、腐蚀等
√	基本符号加一小圆，表示表面是用不去除材料的方法获得，例如铸、锻、冲压变形、热轧、冷轧、粉末冶金等，或者是用于保持原供应状况的表面（包括保持上道工序的状况）
√ √ √	在上述 3 个符号的长边上均可加一横线，用于标注有关参数和说明
√ √ √	在上述 3 个符号的长边上均可加一小圈，表示在图样某个视图上构成封闭轮廓的各表面有相同的表面粗糙度要求

有关表面粗糙度的各项规定应按功能要求给定。若仅需要加工（采用去除材料的方法或不去除材料的方法）但对表面粗糙度的其他规定没有要求时，允许只注表面粗糙度符号。

2. 表面粗糙度代号的标注位置

表面粗糙度数值及其有关的规定在符号中注写的位置，如图 3-7 所示。

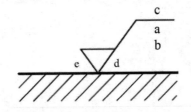

图 3-7　表面粗糙度符号、代号的注写位置

图 3-7 中，a——表面粗糙度的单一要求（依次注写上、下极限符号，传输带数值，幅度参数符号，评定长度值，极限判断规则，幅度参数极限值，单位为 μm）。

　　b ——注写附加评定参数符号及数值。当有两个或更多个表面粗糙度要求时，在 b 位置进行注写。如果要注写第三个或更多个表面粗糙度要求时，图形符号应在垂直方向扩大，以空出足够的空间，扩大图形符号时，a 和 b 的位置随之上移。

　　c ——加工方法、表面处理、涂层或其他加工工艺要求等。

　　d ——表面纹理及其方向，如 "＝"、"X"、"M" 等。

　　e ——加工余量（单位为 mm）。

相关知识　表面粗糙度符号的尺寸

　　表面粗糙度数值及其有关规定在符号中注写的位置的比例如图 3-8、图 3-9 和图 3-10 所示。图形符号和附加标注的尺寸见表 3-3。图 3-8 中（b）符号的水平线长度取决于其上下所标注内容的长度。

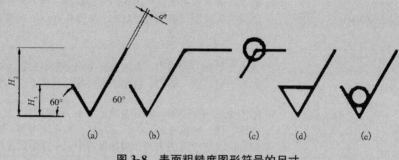

图 3-8　表面粗糙度图形符号的尺寸

图 3-9　表面粗糙度附加部分的尺寸

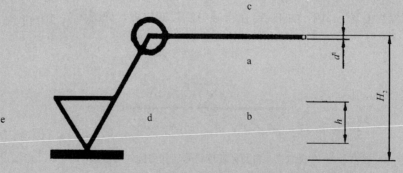

图 3-10　表面粗糙度基本图形符号的尺寸

表 3-3　图形符号和附加标注的尺寸　　　　　　　　　单位：mm

数字与字母高度 h	2.5	3.5	5	7	10	14	20
符号线宽 d'	0.25	0.35	0.5	0.7	1	1.4	2
字母线宽 d							
高度 $H1$	3.5	5	7	10	14	20	28
高度 $H2$（最小值）＊	7.5	10.5	15	21	30	42	60

注：＊ $H2$ 取决于标注内容。

3. 表面粗糙度参数的标注

（1）极限值的标注

标注单向或双向极限以表示对表面粗糙度的明确要求，偏差与参数代号应一起标注。当只标注参数代号、参数值时，默认为参数的上限值（图 3-11（a））；当参数代号、参数值作为参数的单向下限值标注时，参数代号前应该加注 L（图 3-11（b））。

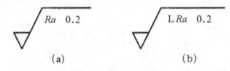

（a）　　　　　　　　　（b）

图 3-11　单向极限值的注法

当在完整符号中表示双向极限时，应标注极限代号，上限值在上方用 U 表示，下限值在下方用 L 表示。上下极限可以用不同的参数代号表达，如图 3-12 所示。如果同一参数具有双向极限要求，在不引起歧义的情况下，可以不加注 U、L。

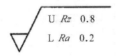

图 3-12　双向极限值的注法

（2）极限值判断规则的标注

国标 GB/T 10610—1998 中规定，表面粗糙度极限值的判断有两种，分别是 16％规则和最大规则。

16％规则是所有表面粗糙度要求标注的默认规则，是指当被检表面测得的全部参数值中，超过极限值的个数不多于总个数的 16％时，该表面是合格的。最大规则指被检表面测得参数运用本规则时，被检表面测得参数值都不应超过给定的极限值。如果标注的表面粗糙度参数代号后加注"max"，这表明应采用最大规则解释其给定极限。如图 3-13 所示，（a）采用"16％规则"（默认），而（b）因为加注了"max"，故采用"最大规则"。

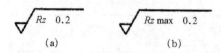

图 3-13 极限值判断规则的注法

（3）传输带和取样长度、评定长度的标注

需要指定传输带时，传输带应标注在参数代号的前面，并用斜线"/"隔开。传输带标注包括滤波器截止波长（mm），短波滤波器在前，长波滤波器在后，并用连字符"-"隔开。如图 3-14 所示，其传输带为 0.0025～0.8mm。

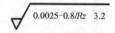

图 3-14 传输带的完整注法

在某些情况下，在传输带中只标注了两个滤波器中的一个。如果存在第二个滤波器，使用默认的截止波长值。如果只标注了一个滤波器，应保留"-"来区分是短波滤波器还是长波滤波器。如图 3-15 所示，表示长波滤波器截止波长为 0.8mm，短波滤波器截止波长默认为 0.0025mm。

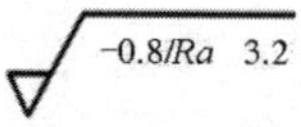

图 3-15 传输带的省略注法

当需要指定评定长度时，应在参数符号的后面注写取样长度的个数。如图 3-16 所示，表示评定长度包含 3 个取样长度。

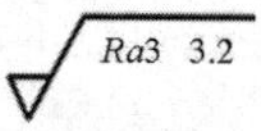

图3-16 指定取样长度个数的注法

（4）相关信息的标注

1）加工方法的标注：轮廓曲线的特征对实际表面的表面粗糙度参数值影响很大。标注的参数代号、参数值和传输带只作为表面粗糙度要求，有时不一定能够完全准确地表示表面功能。加工工艺在很大程度上决定了轮廓曲线的特征，因此，一般应注明加工工艺。加工工艺所用文字按图3-17所示方法在完整符号中注明。

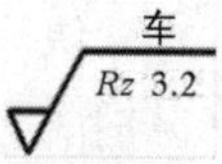

图 3-17 车削加工的注法

2）加工纹理的标注：需要控制表面加工纹理方向时，可在符号的右边加注加工纹理方向符号，如图 3-18 所示。纹理方向是指表面纹理的主要方向，通常由加工工艺决定。表 3-4 包括了表面粗糙度所要求的与图样平面相应的纹理及其方向。

图 3-18　垂直于视图所在投影面的表面纹理方向的注法

表 3-4　表面纹理的标注

符号	说明	示意图
二	纹理平行于标注代号的视图所在投影面	纹理方向
⊥	纹理垂直于标注代号的视图所在投影面	纹理方向
X	纹理呈两斜向交叉且与视图所在投影面相交	纹理方向
M	纹理呈多方向	M
C	纹理呈近似同心圆，且圆心与表面中心相关	C
R	纹理呈近似放射状，且圆心与表面中心相关	R
P	纹理呈微粒、凸起、无方向	P

注：若表中所列符号不能清楚地表明所要求的纹理方向，应在图样上用文字说明。

3）加工余量的标注：在同一图样中，有多个加工工序的表面可标注加工余量。加工余量可以是加注在完整符号上的唯一要求，也可以同表面粗糙度的其他要求一起标注。如图3-19（a）所示该表面有2mm的加工余量，（b）表示该表面有3mm加工余量的同时，还有如轮廓最大高度3.2mm、车削加工等要求。

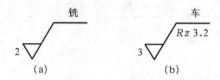

图 3-19　加工余量的注法

4. 表面粗糙度符号、代号的标注方法

表面粗糙度要求对每一表面一般只标注一次，并尽可能注在相应的尺寸及其公差的同一视图上，除非另有说明，所标注的表面粗糙度要求是对完工零件表面的要求。

1）表面粗糙度的注写和读取方向应与尺寸的注写和读取方向一致，如图3-20所示。

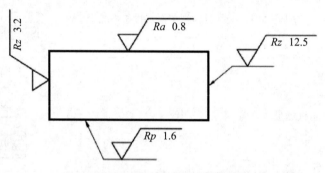

图 3-20　表面粗糙度的注写和读取方向

2）表面粗糙度要求可标注在轮廓线上，其符号应从材料外指向并接触表面。必要时，表面结构符号也可用带箭头或黑点的指引线引出标注，如图3-21和图3-22所示。

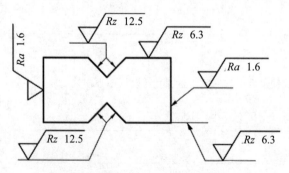

图 3-21　表面粗糙度的标注位置（1）

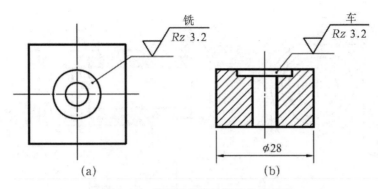

图 3-22 表面粗糙度的标注位置（2）

3）在不引起误解时，表面粗糙度要求可以标注在给定的尺寸线上，如图 3-23 所示。同一表面上有不同粗糙度要求时，须用细实线画出其分界线，并注出相应的表面粗糙度代号和尺寸，如图 3-24 所示。

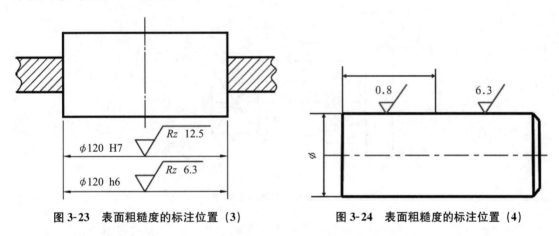

图 3-23 表面粗糙度的标注位置（3）　　　图 3-24 表面粗糙度的标注位置（4）

4）表面粗糙度要求可标注在形位公差框格的上方，如图 3-25 所示。

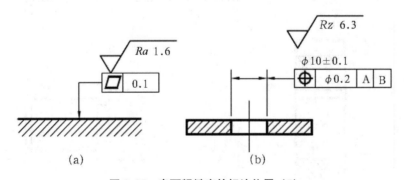

图 3-25 表面粗糙度的标注位置（5）

5）表面粗糙度要求可以直接标注在延长线上，或用带箭头的指引线引出标注，如图 3-21 和图 3-26 所示。

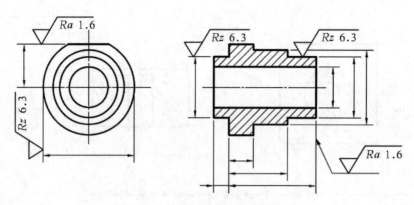

图 3-26　表面粗糙度的标注位置（6）

6）圆柱和棱柱表面的表面粗糙度要求只标注一次，如图 3-26 所示。如果每个棱柱表面有不同的表面粗糙度要求，则应分别单独标注，如图 3-27 所示。

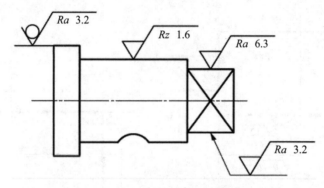

图 3-27　表面粗糙度的标注位置（7）

7）当齿轮工作表面没有画出齿形时，其表面粗糙度代号标注方式如图 3-28 所示。当螺纹工作表面没有画出牙形时，其表面粗糙度代号标注方式如图 3-29 所示。

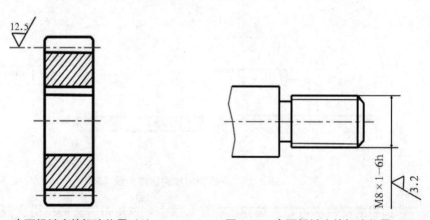

图 3-28　表面粗糙度的标注位置（8）　　　图 3-29　表面粗糙度的标注位置（9）

8）表面粗糙度要求的简化标注方法：如果在工件的多数（包括全部）表面有相同的表面结构要求时，不同的表面粗糙度要求应直接标注在图形中，如图 3-30 所示，而其相同的要求可统一标注在图样的标题栏附近。如图 3-30（a）所示，在圆括号内给出无任何其他标注的基本符号；如图 3-30（b）所示，在圆括号内给出不同的表面结构要求。

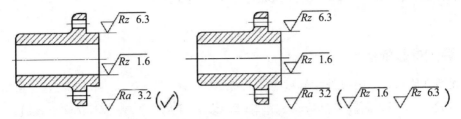

图 3-30　表面粗糙度的简化标注（1）

当多个表面具有相同的表面粗糙度要求或图纸空间有限时，可用带字母的完整符号，以等式的形式，在图形或标题栏附近，对有相同表面粗糙度的表面进行简化注法，如图 3-31所示。可用表 3-2 中的前三种表面粗糙度符号，以等式的形式标出对多个表面共同的表面粗糙度要求，如图 3-32 所示。当零件所有表面具有相同的表面粗糙度要求时，其代号可在图样的右上角统一标注，如图 3-33 所示。当零件的大部分表面具有相同的表面粗糙度要求时，对其中使用最多的一种代号可以统一注在图样的右上角，并加注"其余"两字，如图 3-34 所示。

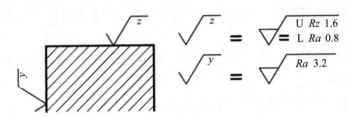

图 3-31　表面粗糙度的简化标注（2）

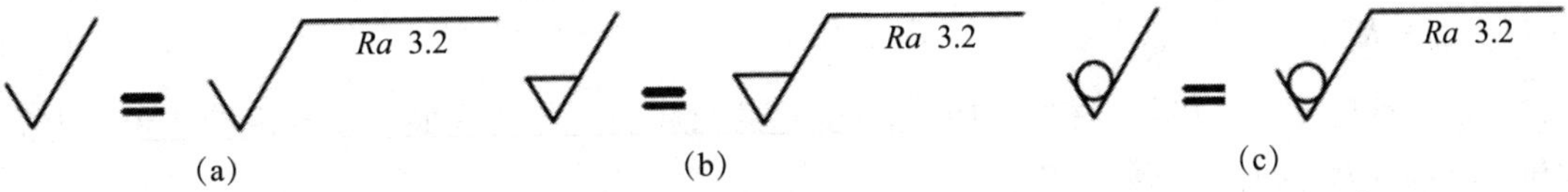

图 3-32　表面粗糙度的简化标注（3）

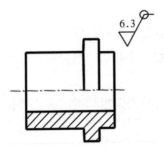

图 3-33　表面粗糙度的简化标注（4）

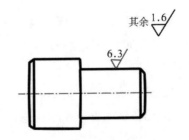

图 3-34　表面粗糙度的简化标注（5）

知识点 4　表面粗糙度的选择

1. 评定参数的选择

如无特殊要求，一般仅选用幅度参数，如 Ra、Rz 等。当 $0.025\mu m \leqslant Ra \leqslant 6.3\mu m$ 时，优先选用 Ra；而当表面过于粗糙或太光滑时，多采用 Rz。当表面不允许出现较深加工痕迹，防止应力过于集中，要求保证零件的抗疲劳强度和密封性时，则需选用 Rz。

2. 附加参数的选择

附加参数一般不单独使用。对有特殊要求的少数零件的重要表面（如要求喷涂均匀、涂层有较好附着性和光泽的表面）需要控制 Rsm（轮廓单元平均宽度）数值。对于有较高支撑刚度和耐磨性要求的表面，应规定 Rmr（c）（轮廓的支撑长度率）参数。

3. 评定参数数值的选择

表面粗糙度评定参数值的选择，不但与零件的使用性能有关，还与零件的制造及经济性有关。在满足零件表面功能的前提下，评定参数的允许值尽可能大（除 Rmr（c）外），以减小加工困难，降低生产成本。

在选择表面粗糙度数值时，在满足使用要求的情况下，尽量选择大的数值，除此之外，一般应遵循以下原则：

1）在同一零件上，配合表面、工作表面的表面粗糙度数值小于非配合表面、非工作表面；

2）摩擦表面的表面粗糙度数值比非摩擦表面，滚动摩擦表面的表面粗糙度数值比滑动摩擦表面的值小；

3）运动速度高、单位面积压力大、承受重载荷和交变载荷表面，以及最易产生应力集中的部位表面粗糙度值均应小些；

4）配合精度要求高的结合面，尺寸公差和几何公差精度要求高的表面的粗糙度值应小些；

5）对防腐性能、密封性能要求高的表面，表面粗糙度值应小些；

6）配合零件表面的粗糙度与尺寸公差、形位公差应协调，一般应符合：尺寸公差＞形位公差＞表面粗糙度。

常用表面粗糙度参数 Ra 的推荐值见表 3-5，常见的表面粗糙度的表面特征、经济加工方法和相关的应用实例见表 3-6。

表 3-5　常用表面粗糙度 *Ra* 的推荐值

应用			公称尺寸（mm）					
			≤50		>50～120		>120～500	
		公差等级	轴	孔	轴	孔	轴	孔
配合表面（经常拆卸的配合表面）		IT5	≤0.2	≤0.4	≤0.4	≤0.8	≤0.4	≤0.8
		IT6	≤0.4	≤0.8	≤0.8	≤1.6	≤0.8	≤1.6
		IT7	≤0.8		≤1.6		≤1.6	
		IT8	≤0.8	≤1.6	≤1.6	≤3.2	≤1.6	≤3.2
过盈配合	压入装配	IT5	≤0.2	≤0.4	≤0.4	≤0.8	≤0.4	≤0.8
		IT6～IT7	≤0.4	≤0.8	≤0.8	≤1.6	≤1.6	
		IT8	≤0.8	≤1.6	≤1.6	≤3.2	≤3.2	
	热装	—	≤1.6	≤3.2	≤1.6	≤3.2	≤1.6	≤3.2
定心精度高的配合表面		IT5～IT8	径向跳动 2.5	4	6	10	16	20
			轴 ≤0.05	≤0.1	≤0.1	≤0.2	≤0.4	≤0.8
			孔 ≤0.1	≤0.2	≤0.2	≤0.4	≤0.8	≤1.6

滑动轴承的配合表面	公差等级	轴	孔
	IT6～IT9	≤0.8	≤1.6
	IT10～IT12	≤1.6	≤3.2
	液体湿摩擦	≤0.4	≤0.8

圆锥结合的工作面	密封结合	对中结合	其他
	≤0.4	≤1.6	≤6.3

密封材料处的孔、轴表面	密封形式	速度（m/s）		
		≤3	3～5	≥5
	橡胶圈密封	0.8～1.6（抛光）	0.4～0.8（抛光）	0.2～0.4（抛光）
	毛毡密封	0.8～1.6（抛光）		
	迷宫式	3.2～6.3（抛光）		
	涂油槽式	3.2～6.3（抛光）		

螺纹结合	类型	IT4、IT5	IT6、IT7	IT8、IT9
	紧固螺纹	1.6	3.2	3.2～6.3
	轴、杆、套上螺纹	0.8～1.6	1.6	3.2
	丝杠和起重螺纹	—	0.4	0.8
	丝杠和起重螺母	—	0.8	1.6

续表

应用			公称尺寸（mm）		
键结合	方式	位置	键	轴上键槽	毂上键槽
	不动结合	工作面	3.2	1.6～3.2	1.6～3.2
		非工作面	6.3～12.5	6.3～12.5	6.3～12.5
	用导向键	工作面	1.6～3.2	1.6～3.2	1.6～3.2
		非工作面	6.3～12.5	6.3～12.5	6.3～12.5

	方式	孔槽	轴齿	定心面		非定心面	
渐开线花键结合				孔	轴	孔	轴
	不动结合	1.6～3.2	1.6～3.2	0.8～1.6	0.4～0.8	3.2～6.3	1.6～6.3
	动结合	0.8～1.6	0.4～0.8	0.8～1.6	0.4～0.8	3.2	1.6～6.3

V带和平带轮工作面	带轮直径（mm）		
	≤120	>120～315	>315
	1.6	3.2	6.3

齿轮传动	类型	公差等级								
		3	4	5	6	7	8	9	10	11
	直齿、斜齿、人字齿轮、蜗轮	0.1～0.2	0.2～0.4	0.2～0.4	0.4～0.8	0.4～0.8	1.6	3.2	6.3	6.3
	圆锥齿轮	—	—	0.2～0.4	0.4～0.8	0.4～0.8	0.8～1.6	1.6～3.2	3.2～6.3	6.3
	蜗杆牙型面	0.1	0.2	0.2	0.4	0.4～0.8	0.8～1.6	1.6～3.2	—	—
	根圆	和工作面同或接近的更粗的优先数								
	顶圆	3.2～12.5								

链轮传动	位置	应用精度	
		普通的	提高的
	工作表面	3.2～6.3	1.6～3.2
	根圆	6.3	3.2
	顶圆	3.2～12.5	3.2～12.5

箱体分界面（减速器）	类型	有垫片	无垫片
	需要密封	3.2～6.3	0.8～1.6
	不需要密封	6.3～12.5	

表 3-6 表面特征、加工方法和应用实例的参考对照表

表面微观特性		Ra（μm）	加工方法	应用举例
粗糙表面	微见刀痕	≤20	粗车、粗刨、粗铣、钻、毛锉、锯断	半成品粗加工过的表面，非配合的加工表面，如轴断面、倒角、钻孔、齿轮和皮带轮侧面、键槽底面、垫圈接触面
半光表面	微见加工痕迹方向	≤10	车、刨、铣、镗、钻、粗铰	轴上不安装轴承、齿轮处的非配合表面，紧固件的自由装配表面，轴和孔的退刀槽
半光表面	微见加工痕迹方向	≤5	车、刨、铣、镗、磨、粗刮、滚压	半精加工表面，箱体、支架、盖面、套筒等和其他零件结合而无配合要求的表面，需要发蓝的表面等
半光表面	看不清工痕迹方向	≤1.25	车、刨、铣、镗、磨、拉、刮、压、铣齿	接近于精加工表面，箱体上安装轴承的镗孔表面，齿轮的工作面
光表面	可辨加工痕迹方向	≤0.63	车、镗、磨、拉、刮、精铰、磨齿、滚压	圆柱销、圆锥销、与滚动轴承配合的表面，普通车床导轨面，内、外花键定心表面
光表面	微可辨工痕迹方向	≤0.32	精铰、精镗、磨、刮、滚压	要求配合性质稳定的配合表面，工作时受交变应力的重要零件，较高精度车床的导轨面
光表面	不可辨工痕迹方向	≤0.16	精磨、珩磨、研磨、超精加工	精密机床主轴锥孔、顶尖圆锥面、发动机曲轴、凸轮轴工作表面、高精度齿轮表面
极光表面	暗光泽面	≤0.08	精磨、研磨、普通抛光	精密机床主轴轴颈表面，一般量规工作表面，气缸套内表面，活塞销表面
极光表面	亮光泽面 / 镜状光泽面	≤0.04	超精磨、精抛光、镜面磨削	精密机床主轴轴颈表面，滚动轴承的滚珠，高压油泵中柱塞和柱塞套配合表面
极光表面	镜面	≤0.01	镜面磨削、超精研磨	高精度量仪、量块的工作表面，光学仪器中的金属表面

 # 知识点 5　表面粗糙度的检测

1. 比较法

比较法也称为目测法和触觉法，是将被测表面与表面粗糙度比较样块（又称表面粗糙度比较样板）相比较，通过视觉、感触或其他方法进行比较后，对被测表面的粗糙度做出评定的方法。

表面粗糙度样块，如图 3-35 所示。其材料、加工方法和加工纹理方向最好与被测工件相同，这样有利于比较，提高判断的准确性。比较时，还可以借助放大镜、比较显微镜等工具，以减小误差，提高准确度。用比较法评定

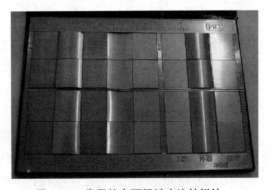

图 3-35　常用的表面粗糙度比较样块

表面粗糙度虽然不精确，但由于器具简单、使用方便，且能满足一般的生产要求，故为车间常用的测量方法。比较法多用于车间，一般只用来评定表面粗糙度值较大的工件，一般目测法 Ra 的测量范围为 $3.2 \sim 50 \mu m$，触觉法的范围为 $0.8 \sim 6.3 \mu m$。

表面粗糙度比较样块的加工方法及对应的表面粗糙度参数（以表面轮廓算术平均偏差 Ra 表示）值见表 3-7。在国家标准 GB/T 6060.2—2006 中规定了磨、车、镗、铣、插及刨加工表面粗糙度比较样块的术语与定义、制造方法、表面特征、分类、表面粗糙度值及评定、结构与尺寸、加工纹理及标志包装等。

表 3-7　表面粗糙度比较样块的加工方法及对应的表面粗糙度参数　　　单位：mm

样块加工方法	磨	车、镗	铣	插、刨
表面粗糙度 Ra 值	0.025	—	—	—
	0.05	—	—	—
	0.1	—	—	—
	0.2	—	—	—
	0.4	0.4	0.4	—
	0.8	0.8	0.8	0.8
	1.6	1.6	1.6	1.6
	3.2	3.2	3.2	3.2
	—	6.3	6.3	6.3
	—	12.5	12.5	12.5
	—	—	—	25.0

2. 光切法

利用"光切原理"测量表面粗糙度的方法，叫作光切法。

光切显微镜是应用原理测量表面粗糙度的，又称双管光切显微镜，如图 3-36 所示。其工作原理是将一束平行光带以定角度投射于被测表面上，光带与表面轮廓相交的曲线影像即反映了被测表面微观几何形状。它解决了工件表面微小峰谷深度的测量问题，同时避免了与被测表面的接触。但是可被检测的表面轮廓的峰高和谷深，要受物镜的景深和分辨率的限制，当峰高或谷深超出一定的范围，就不能在目镜视场中成清晰真实图像，从而导致无法测量或者误差很大。由于光切显微镜具有不破坏表面

目镜
微调手轮
粗调手轮
可换物镜
立柱
工作台
底座

图 3-36　光切显微镜结构

状况、方法成本低、易于操作的特点，所以被广泛应用 。

常用于测量 Ra 或 Rz 值。由于受到分辨率的限制，一般测量范围 Rz 为 $0.8\sim80\mu m$。双管显微镜适用于测量车、铣、刨及其他类似加工方法得到的金属表面，也可用于测量木板、纸张、塑料电镀层等表面的微观不平度，但是不便于检验用磨削或抛光的方法加工的零件表面。

3. 干涉法

利用光波干涉原理测量表面粗糙度的方法，叫作干涉法。

在目镜焦平面上，由于两束光之间有光程差，相遇叠加便产生光程干涉，形成明暗交错的干涉条纹。如果被测表面为理想表面，则干涉条纹是一组等距平行的直条纹线，若被测表面高低不平，则干涉条纹为弯曲状。

常用的测量仪器是干涉显微镜，如图 3-37 所示。采用通过样品内和样品外的相干光束产生干涉的方法，把相位差（或光程差）转换为振幅（光强度）变化，根据干涉图形可分辨出样品中的结构，并可测定样品中一定区域内的相位差或光程差。

图 3-37　干涉显微镜

干涉显微镜主要用于测量表面粗糙度的 Rz 值，可以测到较小的参数值，通常测量范围为 $0.025\sim0.8\mu m$。它不仅适用于测量高反射率的金属加工表面，也能测量低反射率的玻璃表面，主要还是用于测量表面粗糙度参数值较小的表面。

4. 感触法

感触法又称针描法，是一种接触式测量表面粗糙度的方法。测量仪器有轮廓检测记录仪、表面粗糙度仪，能够对加工表面粗糙度进行精确测量，轮廓仪的一般测量范围为 $Ra0.008\sim6.3\mu m$，适用于内外表面检测，但不能用于检测柔软或易划伤表面。利用金刚石触针与被测表面相接触（接触力很小），并使触针沿着被测表面移动，由于被测表面的微观不平度，迫使触针在垂直于表面轮廓的方向产生上下移动，把被测表面的微观不平度转换为垂直信号，再经传感器转换为电信号，经放大器将此变化量进行放大后，在记录仪上记录，即得到被测截面的轮廓放大图。或者，将放大后的信号送入计算机，经积分运算后可以得到各种表面粗糙度参数值。前者称为轮廓检测记录仪，出现较早；后者称为表面粗糙度仪，是在现代计算机技术的基础上发展起来的，因其测量准确性高、便于操作、评定参数丰富的特点，现已被普遍采用。

表面粗糙度仪又可分为便携式和台式两种，如图 3-38 所示，均可配备多种形状的测针，以适应对平面、内外圆柱面、锥面、球面、沟槽等各类形状表面的测量。

图 3-38　表面粗糙度仪

5. 印模法

用塑性材料黏合在被测表面上，将被测表面轮廓复制成印模，然后测量印模。适用于对深孔、不通孔、凹槽、内螺纹、大工件及其难测部件检测，其一般测量范围为 $Ra0.1 \sim 100 \mu m$。

 **项目任务**

任务 1　标注零件的表面粗糙度

1. 任务引入

按下列要求，将表面粗糙度符号标注在图 3-39 上：

1) 用任何方法加工圆柱面ϕd_3，Ra 最大允许值为 $3.2 \mu m$。

2) 用去除材料的方法获得孔ϕd_1，Ra 最大允许值为 $3.2 \mu m$。

3) 用去除材料的方法获得表面 a，Ry 最大允许值为 $3.2 \mu m$。

4) 其余用去除材料的方法获得表面，Ra 允许值均为 $25 \mu m$。

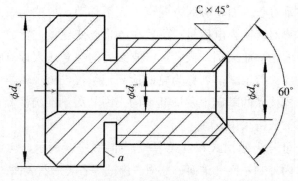

图 3-39　零件图

2. 任务分析

（1）从已知进行分析，并按照标注规范进行书写表面粗糙度的图样符号。

1）条件为"用任何方法加工圆柱面ϕd_3，Ra 最大允许值为 $3.2\mu m$"，用符号"$\sqrt{}$"表示圆柱面$\phi d3$。

2）条件为"用去除材料的方法获得孔ϕd_1，Ra 最大允许值为 $3.2\mu m$"，用符号"$\sqrt{}$"表示孔$\phi d1$。

3）条件为"用去除材料的方法获得表面 a，Ry 最大允许值为 $3.2\mu m$"，用符号"$\sqrt{}$"表示表面 a。

4）条件为"其余用去除材料的方法获得表面，Ra 允许值均为 $25\mu m$"，用符号"$\sqrt{}$"表示图样右上角。

（2）在图样上画出表面粗糙度要求，如图 3-40 所示。

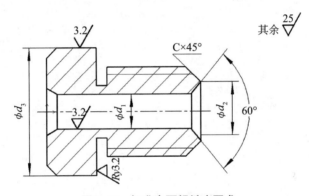

图 3-40　标准表面粗糙度要求

任务 2　评定零件表面粗糙度

1. 任务引入

表面粗糙度是零件质量好坏的重要指标之一，它影响着零件的使用性能和寿命。比较法是对样块与加工面进行目测、触摸对比后得到被测表面粗糙度的方法。这种方法在车间加工现场运用较多，用于判断零件表面粗糙度是否合格，因为不能得到表面粗糙度的具体数值，一般用于测量精度要求不高的场合。感触法具有直观、准确、高效的特点，特别是便携式表面粗糙度测量仪，其即可在生产现场使用，又可用于科研实验室和企业计量室，使用方便。

请用便携式表面粗糙度仪、表面粗糙度样块对零件的表面粗糙度进行评定。

2. 任务分析

使用时要严格遵守测量仪器使用说明书，按规定进行操作。便携式表面粗糙度测量仪操作步骤如下：

（1）测量前准备

1）开机检查电池电压是否正常。

2）擦净工件被测表面。

（2）测量

1）将传感器插入仪器底部的传感器连接套中，然后轻推到底。

2）将仪器正确、平稳、可靠地放置在工件被测表面上。

3）测量时传感器的滑行轨迹必须垂直于工件被测表面的加工纹理方向。

4）按回车键设置所需的测量条件。

5）按开始测量键，开始采样并进行滤波处理，然后等待进行参数计算。

6）测量完毕，返回到基本测量状态，显示测量结果并记录数据。

（3）测量结束

1）用手拿住传感器的主体部分或保护套的根部，慢慢将其向外拉出。

2）将传感器及其他配件放回专用盒子。

项目四 键与花键连接的公差与检测

【项目内容】

◆ 键与花键的公差配合的选用；

◆ 键与花键连接器的检测方法。

【知识点与技能点】

◆ 键连接的类型；

◆ 平键连接的公差配合；

◆ 花键连接的公差配合；

◆ 平键连接和矩形花键连接的常用检测方法；

◆ 平键与矩形花键连接进行检测的技巧。

知识点 1 键连接的类型

键、花键连接广泛应用于轴与轴上传动件（齿轮、带轮、联轴器等）之间的连接，用来传递扭矩和运动，其结构形式如图 4-1 所示。这种属于可拆卸连接，常用于经常拆卸和便于装配之处。

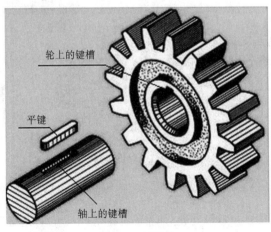

轮上的键槽

平键

轴上的键槽

图 4-1 键连接

键用于连接轴和轴上零件，进行周向固定以传递转矩，如齿轮、带轮、联轴器与轴的连接。键连接分为单键连接和花键连接两类。

1. 单键连接

这类连接键的种类很多，主要分为平键、半圆键、楔键和切向键，如图 4-2 所示。其中，平键连接结构简单、制造和装卸方便，轴与轮毂的对中性好，应用最为广泛。平键、半圆键、滑键、导向平键属于松键连接，紧键连接主要指楔键、切向键。

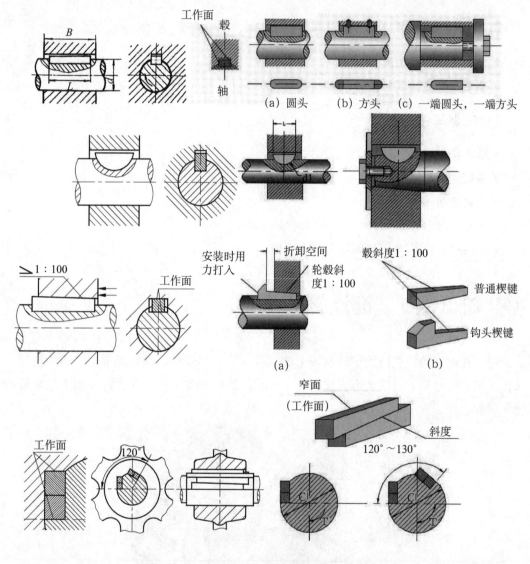

图 4-2 单键连接

2. 花键连接

花键根据其结构不同分为矩形花键、渐开线花键和三角形花键等，如图 4-3 所示。与单件相比，它具有强度高、承载能力强、定型精度高、导向性好的特性。矩形花键的键侧面为平面，容易加工，所以应用最广。

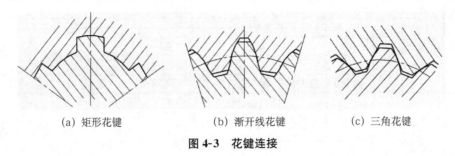

(a) 矩形花键　　　　(b) 渐开线花键　　　　(c) 三角花键

图 4-3　花键连接

 # 知识点 2　平键的公差

1. 平键连接的特点

平键连接是由键、轴、轮毂 3 个零件组成的，通过键的侧面分别与轴槽和轮毂的侧面相互接触来传递运动和转矩，键的上表面和轮毂槽底面留有一定的间隙，如图 4-4 所示。因此，键和轴槽的侧面应有足够大的实际有效接触面积来承受负荷，并且键嵌入轴槽要牢固可靠，以防止松动脱落。所以，键宽和键槽宽 b 是决定配合性质和配合精度的主要互换性参数，为主要配合尺寸，其公差等级要求高；而键长 L、键高 h、轴槽深 t_1 和轮毂槽深 t_2 为非配合尺寸，其精度要求较低，应给予较大的公差。

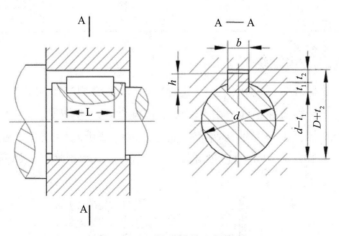

图 4-4　平键连接的几何参数

在设计平键连接时，当轴径 d 确定后，就可根据 d 确定平键的规格参数。平键连接的剖面尺寸及公差均已标准化，在 GB/T 1095—2003《平键 键槽的剖面尺寸》中做出了规定，详细数据见表 4-1。

表 4-1　平键、键和键槽的剖面尺寸及公差（摘自 GB/T 1095—2003）　　单位：mm

轴径	键	键槽											
		宽度 b						深度				半径 r	
公称直径 d	键尺寸 b×h	公称尺寸	偏差					轴槽深 t_1		毂槽深 t_2			
			松连接		正常连接		紧密连接						
			轴 H9	毂 D10	轴 N8	毂 JS9	轴毂 P9	t	偏差	t_1	偏差	最大	最小
6～8	2×2	2	+0.025 0	+0.060 +0.020	−0.004 −0.029	±0.0125	−0.006 −0.031	1.2	+0.1 0	1	+0.1 0	0.08	0.16
>8～10	3×3	3						1.8		1.4			
>10～12	4×4	4	+0.030 0	+0.078 +0.030	0 −0.030	±0.015	−0.012 −0.042	2.5		1.8		0.16	0.25
>12～17	5×5	5						3.0		2.3			
>17～22	6×6	6						3.5		2.8			
>22～30	8×7	8	+0.036 0	+0.098 +0.040	0 −0.036	±0.018	−0.015 −0.051	4.0		3.3		0.25	0.40
>30～38	10×8	10						5.0		3.3			
>38～44	12×8	12	+0.043 0	+0.120 +0.050	0 −0.043	±0.0215	−0.018 −0.061	5.0		3.3			
>44～50	14×9	14						5.5		3.8			
>50～58	16×10	16						6.0	+0.2 0	4.3	+0.2 0		
>58～65	18×11	18						7.0		4.4			
>65～75	20×12	20	+0.052 0	+0.149 +0.065	0 −0.052	±0.026	−0.022 −0.074	7.5		4.9		0.40	0.60
>75～85	22×14	22						9.0		5.4			
>85～95	25×14	25						9.0		5.4			
>95～110	28×16	28						10.0		6.4			

2. 平键连接的尺寸公差

在键与键槽宽的配合中，键相当于广义的"轴"，键槽相当于"孔"，键同时要与轴槽和轮毂槽配合，但配合性质又不同。由于平键是标准件，一般情况下，键与轴槽配合较紧，与轮毂槽配合较松，相当于一个轴与两个孔配合，因此采用基轴配合。根据不同用途的需要，国家标准 GB/T 1096—2003 对键槽和轮毂槽规定了 3 种公差带，如图 4-5 所示，其配合性质及应用见表 4-2。

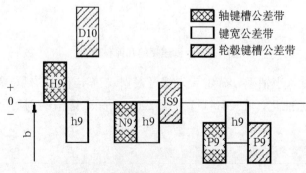

图 4-5　平键连接 3 种配合的公差带

表 4-2　平键连接的 3 种配合及其应用场合

配合种类	尺寸 b 的公差带			配合性质及应用
	键	键槽	轮毂槽	
松连接		H9	D10	键在轴及轮毂上均能滑动。主要用于导向平键，轮毂可在轴上做轴向移动
正常连接	h8	N9	Js9	键在轴及轮毂中均固定。用于载荷不大的场合
紧密连接		P9	P9	键在轴及轮毂上均固定，而比上种配合更紧。主要用于载荷较大且具有冲击性，以及双向传递扭矩的场合

3. 平键连接的几何公差

为了保证键和键槽的侧面具有足够的接触面积并具有良好的装配性，键的工作面负荷均匀，国家标准对键和键槽的形位公差做了以下规定：

（1）由于键槽的实际中心平面在径向产生偏移和在轴向产生倾斜，造成了键槽的对称度误差，应分别规定轴槽和轮毂槽对轴线的对称度公差。对称度公差等级按国家标准 GB/T 1184—1996 选取，一般取 7～9 级。

（2）当平键的键长 L 与键宽 b 之比大于或等于 8 时，应规定键宽 b 的两工作侧面在长度上的平行度要求。当 $b \leqslant 6\text{mm}$ 时，公差等级取 7 级；当 $8 \leqslant b \leqslant 36\text{mm}$ 时，公差等级取 6 级；当 $b \geqslant 40\text{mm}$ 时，公差等级取 5 级。

4. 平键连接的表面粗糙度

键和键槽配合面的粗糙度参数 Ra 值一般为 $1.6 \sim 3.2\mu\text{m}$，非配合面的表面粗糙度参数 Ra 值一般为 $6.3 \sim 12.5\mu\text{m}$。

5. 轴与轮毂的标注

在平键的连接工作图中，考虑到车辆的方便性，轴槽深 t_1 用 $d-t_1$ 标注，其极限偏差与 t_1 相反，轮毂槽深 t_2，用 $d+t_2$ 标注，其极限偏差与 t_2 相同。其标注如图 4-6 所示。

①标注槽深 $d-t_1$ 及公差
②标注槽深 b 及公差
③标注对称度公差
④标注表面粗糙度

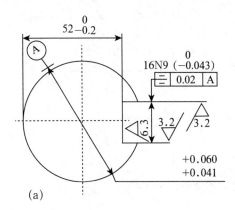

(a)

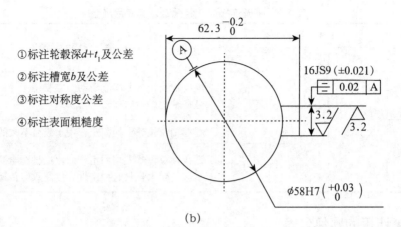

①标注轮毂深$d+t_1$及公差

②标注槽宽b及公差

③标注对称度公差

④标注表面粗糙度

(b)

图 4-6　轴与轮毂的标注

★试一试★

一个齿轮传动，重载，有冲击，采用平键连接，孔轴$\phi 70$，试在零件图中（图 4-7）标注尺寸公差、形位公差和表面粗糙度。

提示：根据表 4-2，选较紧连接，键与轴槽连接 P9/h8，键与轮毂槽连接 P9/h8。

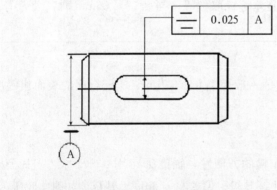

$b \times h = 20 \times 12$

$b = 20_{-0.074}^{-0.022}$

$t = 7.5_{0}^{+0.2}$

$t_1 = 4.9_{0}^{+0.2}$

$d - t_1 = 62.5_{-0.2}^{0}$

$d + t_1 = 74.9_{0}^{+0.2}$

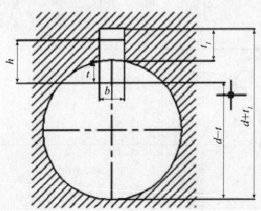

对称度取8级，查表得25μm

粗糙度：侧面3.2μm，底面6.3μm

图 4-7　标准结果

知识点 3　矩形花键的公差

1. 矩形花键的尺寸公差

花键连接与键连接相比，其定心精度高、导向性好、承载能力强，因而在机械生产中获得了广泛应用。花键连接是由花键孔（内花键）和花键轴（外花键）组成的。花键连接的种类也很多，但应用最广的是矩形花键。国家标准规定，矩形花键的键数为偶数，常用的有 6、8、10 三种。

矩形花键连接由多表面构成，主要结构尺寸有大径（D），小径（d）和键宽（B），如图 4-8 所示。这些参数中同样有配合尺寸和非配合尺寸。从标准化角度，无论是哪一类尺寸，其公差同样都可采用国家标准。在矩形花键结合中，要使内、外花键的大径 D、小径 d、键宽 B 相应的结合面都同时耦合得很好是相当困难的。因为这 3 个尺寸都会有制造误差，即使这 3 个尺寸都做得很准，但其相应的表面之间还会有位置误差，为了保证使用性能，改善加工工艺，只选择一个结合面作为主要配合面，对其规定较高的精度，以保证配合性质和定心精度，该表面称为定心表面。花键连接有 3 种定心方式：大径定心、小径定心和键宽定心。

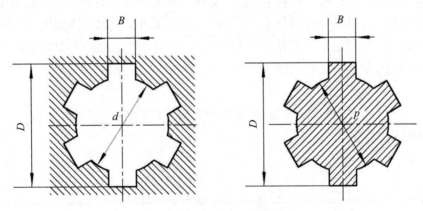

图 4-8　内、外花键的主要尺寸

由于花键结合面的硬度通常要求较高，在加工过程中往往需要热处理。为保证定心表面的尺寸精度和形状精度，热处理后需进行磨削加工。从加工工艺性来看，小径便于磨削，较易保证较高的加工精度和表面硬度，能提高花键的耐磨性和使用寿命。在国家标准 GB/T 1144—2001《矩形花键尺寸、公差和检测》中，明确了以小径定心的方式。因此，花键连接的配合性质由小径配合性质所决定，通常花键孔的大径和键槽侧面难以进行磨削加工，对这几个非定心尺寸都可规定较低的公差等级，但由于靠键侧传递扭矩，故对键侧尺寸要求的公差等级较高。内外花键尺寸公差带见表 4-3。

表 4-3　内、外花键的尺寸公差带

内花键				外花键			装配形式
小径 d	大径 D	键槽宽 B		小径 d	大径 D	键宽 B	
		拉削后不热处理	拉削后热处理				
一般用							
H7	H10	H9	H11	f7	a11	d10	滑动
				g7		f9	紧滑动
				h7		h10	固定
精密传动用							
H5	H10	H7、H9		f5	a11	d8	滑动
				g5		f7	紧滑动
				h5		h8	固定
H6				f6		d8	滑动
				g6		f7	紧滑动
				h6		h8	固定

注：精密传动用的内花键，但需要控制键侧配合间隙时，槽宽可选 H7，一般情况下可选 H9；
d 为 H6 和 H7 的内花键，允许与提高一级的外花键配合。

2. 矩形花键的几何公差

在矩形花键的连接中，对小径表面对应的轴线采用包容原则，即用小径的尺寸公差控制小径表面的形状误差；在大批量生产时，对键（或键槽）需要采用最大实体原则，只规定其位置度公差，花键位置度的公差值见表 4-4，其在图样上的标注如图 4-9 所示；当单件、小批生产时，应规定键（键槽）两侧面的中心平面对定心表面轴线的对称度和等分度，花键对称度的公差值见表 4-5，其在图样上的标注如图 4-10 所示。

表 4-4　矩形花键的位置度公差（摘自 GB/T 1144—2001）　　　单位：mm

键槽宽或键宽（B）		3	3.5～6	7～10	12～18
键槽宽		0.010	0.015	0.020	0.025
键宽	滑动、固定	0.010	0.015	0.020	0.025
	紧滑动	0.006	0.010	0.013	0.016

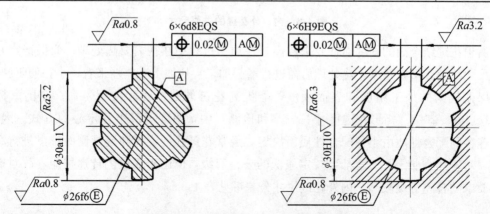

图 4-9　矩形花键位置度公差标注

表 4-5　矩形花键的对称度公差（摘自 GB/T 1144—2001）　　　单位：mm

键槽宽或键宽（B）	3	3.5～6	7～10	12～18
一般用	0.010	0.012	0.015	0.018
精密传动用	0.006	0.008	0.009	0.011

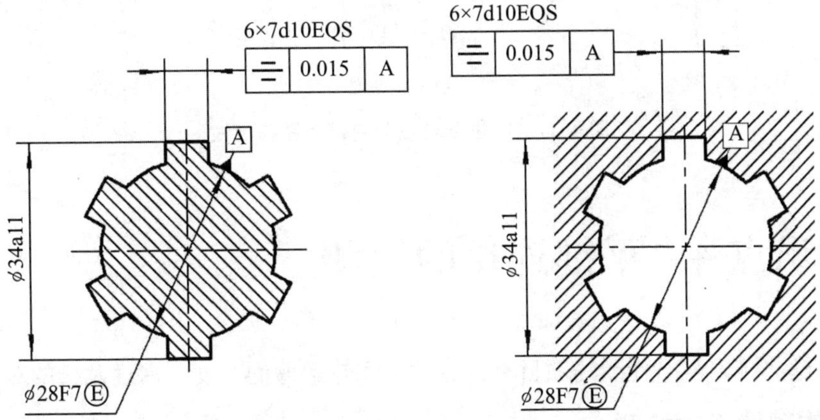

图 4-10　矩形花键对称度公差标注

3. 表面粗糙度要求

矩形花键的各个结合面的表面粗糙度的要求如下：对于内花键，小径表面粗糙度 $Ra \leqslant 0.8\mu m$，键槽侧面 $Ra \leqslant 3.2\mu m$，大径表面 $Ra \leqslant 6.3\mu m$；对于外花键，小径表面粗糙度 $Ra \leqslant 0.8\mu m$，键槽侧面 $Ra \leqslant 0.8\mu m$，大径表面 $Ra \leqslant 3.2\mu m$。

4. 矩形花键的图样标注

1）矩形花键副的配合规格。在图样上的标注内容为：键数 N、小径 d、大径 D、键（槽）宽 B 的公差带代号，中间均用乘号相连，即键数 $N \times$ 小径 $d \times$ 大径 $D \times$ 键宽 B。

2）矩形花键副的配合代号。在装配图上标注时，大径、小径、键（槽）宽的配合代号在各自的公称尺寸之后，并注明矩形花键的标准号。

3）内、外花键的公差代号。在零件图上应标注时，大径、小径、键（槽）宽的公差代号在各自的公称尺寸之后，并注明矩形花键的标准号。

以图 4-11 中的花键副为例，其花键的标注如下：

花键配合规格记为：$6 \times 28 \times 34 \times 7$；

花键配合代号记为：$6 \times 28 \dfrac{H7}{f7} \times 34 \dfrac{H10}{a11} \times 7 \dfrac{H11}{d10}$　　GB/T 1144—2001

内花键公差代号记为：$6 \times 28H7 \times 34H10 \times 7H11$　　GB/T 1144—2001

外花键公差代号记为：$6 \times 28f7 \times 34a11 \times 7d10$　　　　GB/T 1144—2001

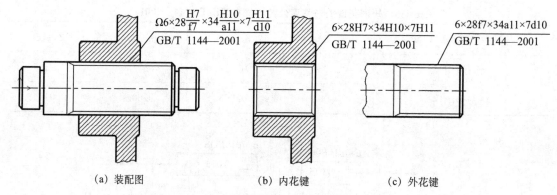

$\Omega 6 \times 28 \dfrac{\text{H7}}{\text{f7}} \times 34 \dfrac{\text{H10}}{\text{a11}} \times 7 \dfrac{\text{H11}}{\text{d10}}$

GB/T 1144—2001

6×28H7×34H10×7H11
GB/T 1144—2001

6×28f7×34a11×7d10
GB/T 1144—2001

(a) 装配图　　　　　　　　(b) 内花键　　　　　　(c) 外花键

图 4-11　花键配合及公差带的图样标注

知识点 4　平键连接的检测

对于平键连接，需要检测的项目有键宽轴槽和轮毂槽的宽度、深度及槽的对称度。

1. 键宽和槽宽的检测

在单件和小批量生产中，一般采用通用计量器具（如千分尺、游标卡尺等）检测；在大批量生产中，可用极限量规控制，如图 4-12 （a） 所示。

2. 轴槽和轮毂槽深的检测

在单件和小批量生产中，一般采用外径千分尺、游标卡尺测量轴尺寸 $d-t_1$，用内径千分尺、游标卡尺测量轮毂尺寸 $d+t_2$。在大批量生产中采用专业量规，如轴槽深度极限量规和轮毂槽深度极限量规，分别如图 4-12 （b）、（c） 所示。

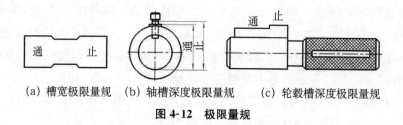

(a) 槽宽极限量规　　（b) 轴槽深度极限量规　　（c) 轮毂槽深度极限量规

图 4-12　极限量规

3. 键槽对称度的检测

在单件和小批量生产中，可用分度头、V 形块和百分表检测键槽对称度，如图 4-13 所示。

用 V 形块模拟基准轴线，把与键槽宽度相等的定位块插入键槽，先测量与轴线垂直截面的对称度误差，测量时调整被测件，使定位块沿径向与平板平行，测量定位块至平板的距离，再把被测件旋转 180°。重复上述测量，得到上、下两点读数差值 a，则该截面的对称度误差为

$$f_2 = ah / (d-h)$$

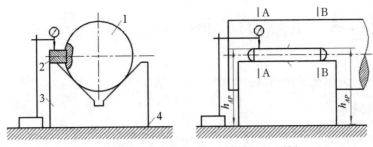

1—工件；2—定位块；3—V形块；4—平板

图 4-13　键槽对称度检测

式中：d 为轴直径；

　　　h 为键槽深。

接下来测量沿键槽长度方向的对称度误差，其值取长度方向指示表读数最大差值：

$$f_2 = \max(\Delta a)$$

最后取 f_1、f_2 中较大的值为键槽的对称度误差。

在大批量生产中，一般用综合量规检验对称度，只要量规通过即为合格。轮毂槽对称度量规如图 4-14 所示，轴槽对称度量规如图 4-15 所示。

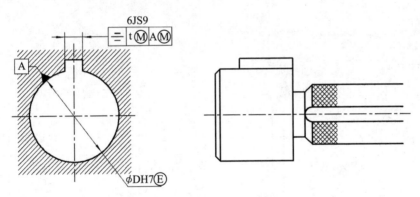

图 4-14　轮毂槽对称度量规的应用

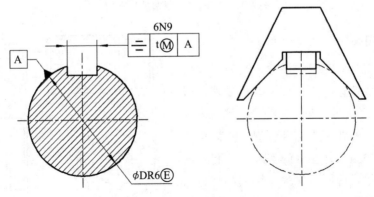

图 4-15　轴槽对称度量规的应用

🌐💻 知识点 5　花键的检测

花键的测量分为单项测量和综合测量。

1. 单项测量

单项测量就是对花键的单个参数，包括小径、键宽（键槽宽）、大径等尺寸及位置误差、表面粗糙度的检测。单项测量的目的是控制各单项参数的精度。在单件、小批量生产时，花键的单项测量通常使用千分尺等通用计量器具。在成批生产时，花键的单项测量用极限量规进行，如图4-16所示。

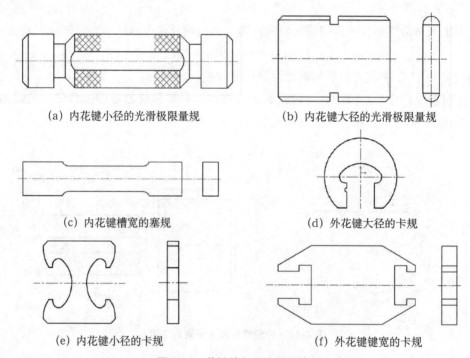

(a) 内花键小径的光滑极限量规　　　　　(b) 内花键大径的光滑极限量规

(c) 内花键槽宽的塞规　　　　　　(d) 外花键大径的卡规

(e) 内花键小径的卡规　　　　　　(f) 外花键键宽的卡规

图 4-16　花键的极限塞规和卡规

2. 综合测量

综合测量就是对花键的尺寸、几何误差按控制最大实体实效边界要求，用综合量规进行检测，如图4-17所示。花键的综合量规（内花键为综合塞规，外花键为综合环规）均为全形通规，作用是检验内外花键的实际尺寸和几何误差的综合结果，即同时检验花键的小径、大径、键宽（键槽宽）的实际尺寸、几何误差、各键槽的位置误差、大径对小径的同轴度误差

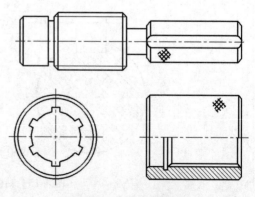

图 4-17　花键综合量规

等综合结果。至于小径、大径和键槽宽的实际尺寸是否超越各自的最小实体尺寸，则采用相应的单项止端量规（或其他计量器具）来检测。

综合测量时，若综合量规通过，单项止端量规不通过，则花键合格；综合量规不通过，花键为不合格。

项目任务

任务 1　平键连接的标注

1. 任务引入

有一减速器输出轴与齿轮用平键连接，已知轴和齿轮孔的配合 $\phi 56H7/r6$，要求确定轴槽和轮毂槽的剖面尺寸及其公差带、相应的几何公差和各个表面的粗糙度值，并把他们标注在断面图中。

2. 任务分析

1）查表 4-1 得，直径为 $\phi 56mm$ 的轴孔用平键尺寸为 $b\times h=16mm\times10mm$。

2）确定键连接。减速器轴和齿轮承受一般载荷，故采用一般连接。查表 4-2 知，轴槽公差带为 $16N9({}^{\ 0}_{-0.043})$，轮毂槽公差带为 $16JS9$（±0.0215）。

3）确定键连接的几何公差和表面粗糙度。轴槽对轴心线及轮毂槽对孔轴线的对称度公差查附表 A-7，按 8 级选取，公差值为 0.02mm。考虑一般情况，轴槽及轮毂槽侧面粗糙度值 Ra 取 $3.2\mu m$，底面取 $6.3\mu m$，轴及轮毂槽圆周表面取 $1.6\mu m$。

图样标注如图 4-18 所示。

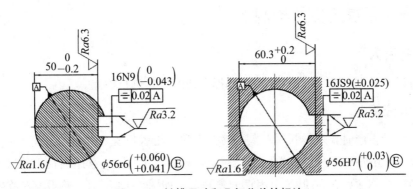

图 4-18　键槽尺寸和几何公差的标注

任务 2　矩形花键连接的标注

1. 任务引入

某机床变速箱中有一个 6 级精度的滑移齿轮，其内孔与轴采用花键连接，已知花键轴需要移动，且定心精度要求高，大批量生产。要求确定齿轮花键孔和花键轴的各主要尺寸公差代号，相应的位置公差和各主要表面的粗糙度参数值，并把他们标注在断面图上。

2. 任务分析

1）已知矩形花键的键数为 6，小径为 26mm，大径为 30mm，键宽（键槽宽）为 6mm。

2）确定矩形花键连接。花键孔相对于花键轴需要移动，且定心精度要求高，故采用精密传动、滑动连接。查表 4-4，取小径的配合公差带为 H6/f6，大径的配合公差带为 H10/a11，键宽的配合公差带为 H9/d8。

3）确定矩形花键连接的位置度公差和表面粗糙度。已知矩形花键的等级为 6 级，大批量生产，查表 4-6 得，键和键槽的位置度公差为 0.015mm。根据要求，内花键表面粗糙度值 Ra，小径表面不大于 $1.6\mu m$，键槽侧面不大于 $3.2\mu m$，大径表面不大于 $6.3\mu m$；外花键表面粗糙度值 Ra，小径表面不大于 $0.8\mu m$，键槽侧面不大于 $0.8\mu m$，大径表面不大于 $3.2\mu m$。

图样标注如图 4-19 所示。

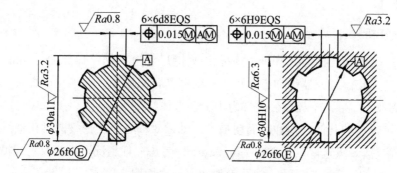

图 4-19　齿轮花键孔和花键轴的标注

任务3　平键连接的检测

1. 任务引入

对项目任务 1 图 4-21 中的平键连接选择合适的量具进行检测。

2. 任务分析

单件小批量生产时，对键尺寸、键槽宽 16N9、轮毂槽宽 16JS9，采用游标卡尺测量，轴槽尺寸 $d-t_1$ 用外径千分尺或游标卡尺测量，轮毂槽尺寸 $d+t_2$ 用内径千分尺或游标卡尺来测量。轴槽对称度可在 V 形块上用百分表测量，如图 4-13 所示，轮毂槽对称度用轮毂槽对称度量规测量如图 4-14 所示。

大批量生产时，对键和键槽尺寸可用极限量规测量如图 4-13 所示，轮毂槽对称度用轮毂槽对称度量规测量如图 4-14 所示，轴槽对称度用轴槽对称度量规测量如图 4-15 所示。

表面粗糙度可以用比较法得出或用便捷式表面粗糙度仪进行测量。

任务 4　矩形花键链接的检测

1. 任务引入

对图 4-8 中的矩形花键连接选择合适的量具进行检测。

2. 任务分析

单件小批量生产时，通常用千分尺、游标卡尺等通用计量器具来对矩形花键的定心小径、键宽、大径 3 个参数进行单项检测，控制各单项参数的尺寸精度及矩形花键的等分误差。对矩形花键连接的几何误差，可对每个键齿、键槽逐一测量其对称度，检测方法与平键连接的对称度检测方法相同。

在成批生产时，花键的单项测量用极限量规检测，如图 4-16 所示，几何误差用综合量规检测，如图 4-17 所示。

项目五　普通螺纹连接的公差与检测

【项目内容】

◆ 螺纹的基础知识、螺纹公差配合的选用；

◆ 螺纹的检测方法。

【知识点与技能点】

◆ 普通螺纹的基本牙型与几何参数；

◆ 螺纹的作用中径及中径合格条件；

◆ 普通螺纹的公差配合与标记；

◆ 螺纹检测技巧；

◆ 螺纹的常用检测方法。

螺纹是机器上常见的结构要素，对机器的质量有着重要影响。除要在材料上保证其强度外，国家还颁布了有关标准，对螺纹几何精度也提出相应要求。

知识点 1　螺纹的种类

无论在机械制造还是日常生活中，螺纹的应用都十分广泛，常用于紧固连接、密封、传递力和运动等。不同用途的螺纹对其几何精度要求也不一样。螺纹若按牙型分，有三角形螺纹、梯形螺纹、锯齿形螺纹 3 种，如图 5-1 所示。

按其用途可分为 3 类。

（1）紧固螺纹

用于连接和紧固零件，使用最广泛的一种螺纹连接。对这种螺纹的主要要求是可旋合性和连接的可靠性。本节只讨论最常用的普通螺纹。

（2）传动螺纹

用于传递动力或精确位移，如丝杆等。这种螺纹的主要要求是传递动力的可靠性或传动比的稳定性，同时要求保证有一定的间隙，以便传动和储存润滑油。

（3）紧密螺纹

用密封的螺纹连接，如圆柱螺纹和圆锥管螺纹，对这种螺纹的主要要求是结合紧密，

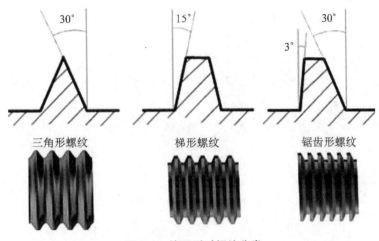

图 5-1　按牙型对螺纹分类

不漏水、气或油。

普通螺纹的基本牙型如图 5-2 所示，它是内外螺纹共有的理论牙型。

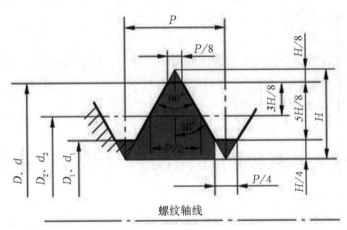

图 5-2　普通螺纹的基本牙型

普通螺纹的基本几何参数如下。

（1）大径（d 或 D）

与外螺纹牙顶或内螺纹的牙底相切的假想圆柱的直径称为大径。国标规定，普通螺纹大径的基本尺寸为螺纹的公称直径。普通外螺纹的直径如图 5-3 所示。

（2）小径（d_1 或 D_1）

小径是指与外螺纹牙底或内螺纹的牙顶相切的假想圆柱的直径。在强度计算中常以小径作为螺杆危险剖面的计算直径。

（3）中径（d_2 或 D_2）

中径是一个假想圆柱的直径，该圆柱的母线通过牙型上沟槽和凸起宽度相等的地方。

（4）螺距（P）与导程（Ph）

螺距是指相邻两牙在中径线上对应两点间的轴向距离。导程是指同一条螺纹线上，相应两牙在中径上对应两点之间的轴向距离。螺距与导程的关系为

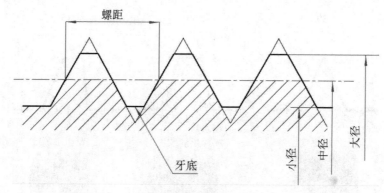

图 5-3 普通外螺纹的直径

$$Ph = P \cdot n \qquad (n \text{ 为螺纹的线数})$$

（5）牙型角（α）和牙型半角（$\alpha/2$）

牙型角是指通过螺纹轴线剖面内的螺纹牙型上相邻两牙侧间的夹角。牙型半角是指牙侧与螺纹轴线的垂直线之间的夹角，即牙侧角，用符号 β 表示。对于普通螺纹牙型角 $60°$，普通螺纹牙型半角（牙侧角）$\beta = \alpha/2 = 30°$。

（6）螺纹旋合长度

螺纹旋合长度是指两个相互配合的螺纹沿螺纹轴线方向相旋合部分的长度。

国家标准 GB/T 196—2003《普通螺纹 基本尺寸》规定了普通螺纹的公称尺寸（旧标准中称为基本尺寸），参见附表 A-9。

🌐 知识点 2 螺纹的几何误差对螺纹互换性的影响

从互换性角度来看，影响螺纹互换性的几何参数有大径、小径、中径、螺距和牙型角。

1. 大、小径误差对互换性的影响

对螺纹的大、小径误差，为了使实际的螺纹结合避免在大、小径处发生干涉而影响螺纹的可旋合性，在指定螺纹公差时，应保证在大径、小径的结合处具有一定的间隙。由于螺纹旋合后主要接触面是牙侧，螺纹的牙顶和牙底之间一般不接触，故大、小径误差一般不会影响螺纹的互换性。

2. 螺距误差对互换性的影响

螺距误差使内、外螺纹的结合发生干涉，不但影响旋合性，而且在旋合长度内使实际接触的牙数减少，影响螺纹连接的可靠性。螺距误差包括局部误差和累积误差，前者与旋合长度无关，后者与旋合长度有关，其中，螺距的累积误差是影响互换性的主要参数。

螺距累计误差可以换算成中径的补偿值，为了保证旋合，称为螺距误差的中径当量，用 f_p（F_p）表示。假设内螺纹为理想牙型，外螺纹存在螺距误差，为了保证旋合，外螺纹中径必须减少一个 f_p，同理，有螺距误差的内螺纹与理想外螺纹旋合时，内螺纹中径必须

增加一个 F_p。

3. 牙侧角误差对互换性的影响

牙侧角误差使内、外螺纹旋合时发生干涉，影响可旋合性，并使螺纹接触面积减小，从而降低连接强度。牙侧角误差也可以换算成中径的补偿值，称为牙侧角误差的中径当量，用 f_a（F_a）表示。在实际生产中，为了使具有牙侧角误差的螺纹达到可旋合要求，采用把外螺纹中径减小一个 f_a 或把内螺纹中径增加一个 F_a 的办法。

4. 螺纹中径误差对互换性的影响

实际中径对其基本中径之差称为中径误差。当外螺纹的中径比内螺纹中径大时，就会影响螺纹的旋合性；与之相反，则是配合过松而影响连接强度的可靠性和紧密性。另外，内螺纹中径过大，外螺纹中径过小，也会影响内、外螺纹的机械强度。因此中径误差必须加以限制。

综上所述，在影响螺纹互换性的 5 个参数中，除了大径和小径，螺距误差和牙侧角误差均可换算成中径的补偿值，因此中径误差、螺距误差和牙侧角误差可以中径公差综合控制。所以，国家标准规定了一个中径公差，而没有单独规定螺距公差和牙侧角公差。

知识点 3 普通螺纹的公差

1. 螺纹公差带的概念

国家标准 GB/T 197—2003《普通螺纹 公差》规定，普通螺纹的公差带以基本牙型为零线，沿着螺纹牙型的牙侧、牙顶、牙底分布，在垂直于螺线轴线方向计量大、中、小径的偏差和公差。与一般尺寸带相似，螺纹公差带由相对于基本牙型的位置和大小组成，如图 5-4 所示。国家标准规定了中径、顶径的公差带，没有规定底径的公差，底径的尺寸由工艺来保证。

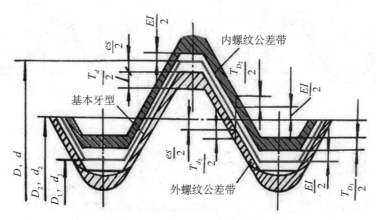

图 5-4 螺纹公差带

2. 螺纹的公差等级及基本偏差

（1）公差等级

公差等级决定公差带的大小，即公差值。普通螺纹的公差等级见表 5-1，内，外螺纹的顶径和中径公差见附表 A-10、A-11。

表 5-1 普通螺纹的公差等级

螺纹种类	螺纹直径		公差等级
内螺纹	小径（顶径）	D_1	4，5，6，7，8
	中径	D_2	
外螺纹	大径（顶径）	d	4，6，8
	中径	d_2	3，4，5，6，7，8，9

（2）基本偏差

基本偏差决定公差带的位置，它是指公差带起始点离开基本牙型的距离。国家标准对内螺纹规定了两种基本偏差，其代号为 G、H，如图 5-4 所示，图中 T_{D1}、T_{D2} 分别为小径、中径公差。对外螺纹规定了 4 种基本偏差，其代号为 e、f、g、h，如图 5-5 所示，图中 T_d、T_{d2} 分别为大径、中径公差。内，外螺纹中径、顶径的基本偏差相同，其数值见附表 A-12。

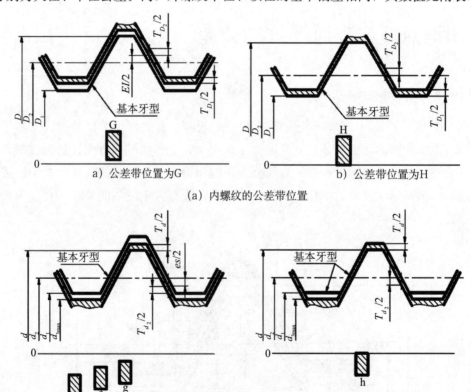

(a) 内螺纹的公差带位置

(b) 外螺纹的公差带位置

图 5-5 普通螺纹公差带的位置

3. 螺纹精度与旋合长度

螺纹精度由螺纹公差带和旋合长度构成，其关系如图 5-6 所示。国家标准对普通螺纹连接规定了短、中等、长 3 种旋合长度，分别用 S、N、L 表示，见附表 A-13。表 5-2 摘出了部分数值可供参看。必要时标注其代号，如 M10－5g6g－S；特殊需要时可标注数值，如M10－7g6g－30；一般情况采用中等旋合长度，不予标注。

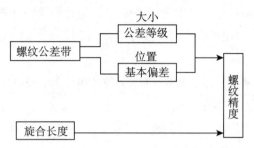

图 5-6　螺纹公差带、旋合长度与螺纹精度的关系

表 5-2　螺纹的旋合长度（GB/T 197—2003）　　　　　　　　　　单位：mm

公称直径 D、d		螺距 P	旋合长度			
			S 短	N 中等		L 长
>	≤		≤	>	≤	>
5.6	11.2	0.5	1.6	1.6	4.7	4.7
		0.75	2.4	2.4	7.1	7.1
		1	3	3	9	9
		1.25	4	4	12	12
		1.5	5	5	15	15
11.2	22.4	0.5	1.8	1.8	5.4	5.4
		0.75	2.7	2.7	8.1	8.1
		1	3.8	3.8	11	11
		1.25	4.5	4.5	13	13
		1.5	5.6	5.6	16	16
		1.75	6	6	18	18
		2	8	8	24	24
		2.5	10	10	30	30
22.4	45.0	0.75	3.1	3.1	9.4	9.4
		1	4	4	12	12
		1.5	6.3	6.3	19	19
		2	8.5	8.5	25	25
		3	12	12	36	36
		3.5	15	15	45	45
		4	18	18	53	53
		4.5	21	21	63	63

根据不同使用场合，国家标准中将螺纹分为精密、中等、粗糙 3 种精度等级。精密级用于精密螺纹，在要求配合性质变动较小时采用；中等级用于一般用途的螺纹；粗糙级用

于对精度要求不高（即不重要的结构），或制造比较困难及大尺寸的螺纹（如在较深的盲孔中加工螺纹），也用于工作环境恶劣的场合。

4. 螺纹公差带的代号及选用

1）螺纹公差带的代号：公差等级和基本偏差可以组成各种不同的公差带。公差带代号由表示公差等级的数字和表示偏差的字母组成，如6H、5g。

2）螺纹公差带的选用：在生产中为了减少刀、量具的规格和数量，对公差带的种类加以限制，国家标准推荐了常用的公差带，见表5-3及表5-4。

表5-3 内螺纹的选用公差带 （GB/T 197—2003）

精度	公差带位置 G			公差带位置 H		
	S	N	L	S	N	L
精密	—	—	—	4H	5H	6H
中等	(5G)	6G	(7G)	* 5G	6H	* 7H
粗糙	—	(7G)	(8G)	—	7H	8H

表5-4 外螺纹的选用公差带 （GB/T 197—2003）

精度	公差带位置 e			公差带位置 f			公差带位置 g			公差带位置 h		
	S	N	L	S	N	L	S	N	L	S	N	L
精密	—	—	—	—	—	—	—	(4g)	(5g4g)	(3h4h)	* 4h	(5h4h)
中等	—	* 6e	(7e6e)	—	* 6f	—	(5g6g)	6g	(7g6g)	(5h6h)	6h	(7h6h)
粗糙	—	(8e)	(9e8e)	—	—	—	—	8g	(8g9g)	—	—	—

注：① 为了保证足够的接触高度，建议用 H/g、H/h 或 G/h 配合；
　　② 大量生产的精制紧固螺纹，推荐采用带方框的公差带；
　　③ 带 * 的公差带应优先选用，不带 * 的公差带其次选用，加括号的公差带尽量不用。

5. 普通螺纹的配合选择

内、外螺纹选用的公差带可以任意组合。由于 H/h 配合间隙为零，H/g 与 G/h 配合所形成的最小极限间隙可用来对内、外螺纹的旋合起引导作用，为了保证足够的接触高度，加工好的内、外螺纹推荐选用 H/g、H/h、G/h 的螺纹配合。

常用的螺纹配合及应用情况如下：

1）为保证连接强度、接触高度、装拆方便，国标推荐优先采用 H/g、H/h、G/h 配合。一般连接的螺纹优先采用 H/h、H/g；经常装拆的螺纹推荐采用 H/g；

2）大批量生产的螺纹为了装拆方便，应选用 H/g、G/h 配合；单件小批量生产的螺纹为适应手工拧紧和装配速度不高等特点可用 H/h 配合；

3）高温工作下的螺纹为防止氧化皮等卡死情况，工作温度在 450℃以下，选用 H/g；高于 450℃时应选用 H/e、G/h；

4）对需镀涂的外螺纹，当镀层厚为 $10\mu m$、$20\mu m$、$30\mu m$ 时，用 g、f、e 与 H 配合。当均需电镀时，用 G/e、G/f 配合。

知识点 4　螺纹的标注

1. 单线普通螺纹的标记

螺纹的完整标记由螺纹代号、公称直径、螺距、公差带代号、旋合长度代号或数值、旋向组成。其中：

1）当螺纹是粗牙普通螺纹时，螺距省略不标，细牙螺纹需要标注出螺距；

2）当螺纹为右旋时不标注旋向，左旋螺纹加注 LH 字样；

3）中径和顶径（外螺纹大径、内螺纹小径）相同时，可只标写一个公差代号。两者代号不同时，前者表示中径公差带代号，后者表示顶径公差带代号；

4）螺纹旋合长度为中等时，省略不标；

5）最常用的中等公差精度螺纹（公称直径≤1.4mm 的 5H、6g 和公称直径≥1.6mm 的 6H、6g），不标注公差代号（简化标注）。

示例如下：

1）公称直径为 8mm，螺距为 1.25mm，中等旋合长度，中径和顶径公差带都为 6g 的单线普通粗牙外螺纹或中径、顶径公差带都为 6H 的内螺纹记为

M8

2）公称直径为 30mm，螺距为 2mm，中径和顶径公差带分别为 5g、6g 的短旋合长度的普通细牙外螺纹记为

M30×2-5g6g

3）公称直径为 20mm，螺距为 2mm，中径和顶径公差带都为 5H 的长旋合长度的左旋普通细牙内螺纹记为

M20×2LH-5LH-L

4）公称直径为 16mm，导程为 3mm，螺距为 1.5mm 的普通细牙螺纹记为

M16×Ph3P1.5

对于多线螺纹，用 *Ph* 导程 *P*（螺距）的标注方式表示，如 M20XPh6P2。螺纹的线数一般不用标注，隐含在导程和螺距之中，如果要表示的话，可在后面增加括号说明（如双线为 two starts；三线为 three starts；四线为 four starts），标注的线数必须使用英文。上面的例子可以改为：M16×Ph3P1.5（two starts）。

★试一试★

解释螺纹标记的含义

◆ M16-5g6g-S

粗牙普通螺纹，公称直径为 16mm，左旋，中径、顶径公差带分别为 5g、6g，短旋合长度的外螺纹。

◆ M20×2-LH

细牙普通螺纹，公称直径为 20mm，螺距为 2mm，左旋，中径、顶径公差带均为 6H，中等旋合长度的内螺纹。

2. 螺纹的配合及标记

标注螺纹配合时，内、外螺纹的公差带代号用斜线分开，左边（分子）为内螺纹公差带代号，右边（分母）为外螺纹公差带代号。

1）公称直径为 20mm，螺距为 2mm，中径和顶径公差带都为 5H 的内螺纹与中径和顶径公差带分别为 5g、6g 的外螺纹配合，记为

$$M20×2-5H/5g6g$$

2）公称直径为 12mm，螺距为 1.5 mm，中径、顶径公差带都为 6H 的内螺纹与中径和顶径公差带分别为 5h、6h 的外螺纹配合，短旋合长度，左旋，记为

$$M12×1.5-6H/5h6h-S-LH$$

★试一试★

解释螺纹标记的含义

◆ M36×1.5LH-6H/6g

细牙普通螺纹，公称直径为 36mm，螺距为 1.5mm，左旋，中径、顶径公差带都为 6H 的内螺纹与中径和顶径公差带都为 6g 的外螺纹配合，中等旋合长度。

3. 螺纹在图样上的标注

外螺纹和内螺纹在图样上的标注如图 5-7 所示。

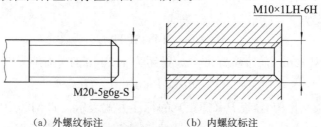

M10×1LH-6H

M20-5g6g-S

（a）外螺纹标注　　　　（b）内螺纹标注

图 5-7　螺纹在图样上的标注

知识点 5　螺纹的检测

1. 综合测量

用普通螺纹量规检测螺纹属于综合测量。在成批生产中，普通螺纹均采用综合量法，其特点是检测效率较高，但不能测出参数的具体数值。

检测外螺纹的螺纹环规及光滑极限卡规如图 5-8 所示；检测内螺纹的螺纹塞规及光滑极限塞规如图 5-9 所示。光滑极限卡规和塞规只检测螺纹顶径的合格性。卡规用来控制外螺纹大径的极限尺寸，塞规用来控制内螺纹小径的极限尺寸，卡规和塞规均有通端和止端，成对使用，它们是在加工螺纹之前的工序检测。

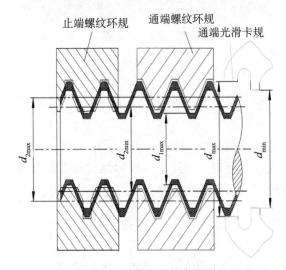

图 5-8　外螺纹的综合检测

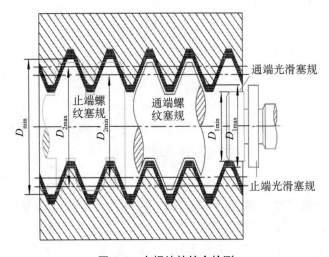

图 5-9　内螺纹的综合检测

普通螺纹量规分为通端和止端。检验时，通端能顺利与工件旋合，止端不能旋合或不到完全旋合，则螺纹为合格。反之，通端不能旋合，则说明螺母过小，螺栓过大，螺纹应予修退。当止端与工件能旋合，则表示螺母过大，螺栓过小，螺纹是废品。

一般在生产中用于确定牙型、牙距，一组牙型规包括常用的牙型，牙规与牙型吻合就可以确认未知螺纹的牙型、牙距，如图 5-10 所示。

图 5-10　牙型规

2. 单项测量

在单件、小批量生产中，特别是在精密螺纹生产中，一般采用单项测量。常用的测量方法如下。

（1）用螺纹千分尺测量外螺纹中径

此法适用于低精度螺纹的测量。螺纹千分尺的结构与普通外径千分尺相似，其测量杆上安装了适用于不同螺纹牙型和不同螺距的、成对配合的测量头，如图 5-11 所示。

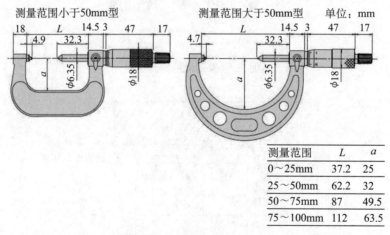

测量范围	L	a
0～25mm	37.2	25
25～50mm	62.2	32
50～75mm	87	49.5
75～100mm	112	63.5

图 5-11　螺纹千分尺

（2）三针测量法

三针测量法主要用于测量精密的外螺纹中径，其方法简便，测量精度高，故在生产中应用广泛。测量时将 3 根直径相同的精密量针分别放入相应的螺纹牙槽中，再用接触式量仪（杠杆千分尺或螺纹千分尺等）测出辅助尺寸 M 值，如图 5-12 所示，然后按公式计算出

被测中径 d_2。

$$d_2 = M - d_0\left(1 + \dfrac{1}{\sin\dfrac{\alpha}{2}}\right) + \dfrac{p}{2}\cot\dfrac{\alpha}{2}$$

对于米制普通三角形螺纹，其牙型半角 $\dfrac{\alpha}{2} = 30°$，代入上式得

$$d_2 = M - 3d_0 + \dfrac{\sqrt{3}}{2}p$$

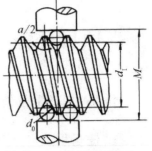

图 5-12　三针测量法原理

为了减小牙型半角误差对测量结果的影响。应使量针与螺纹牙侧面在中径圆柱面上接触。此时量针为最佳量针，普通螺纹最佳量针的直径为：

$$d_0 = \dfrac{p}{2\cos\left(\dfrac{\alpha}{2}\right)}$$

$$d_0 = 0.577p$$

3. 用工具显微镜测量螺纹各参数

万能工具显微镜如图 5-13 所示。使用万能工具显微镜测量螺距、中径牙型半角等的步骤如下：

图 5-13　万能工具显微镜

1）将工件安装在工具显微镜两顶尖之间；

2）接通电源，调节光源及光阑，直到螺纹影像清晰；

3）旋转手枪，按被检测螺纹的螺旋升角调整立柱的倾斜度；

4）调整目镜上的调节环，使"米"字线分值刻线清晰，调节仪器的焦距，使被测轮廓影像清晰；

5）测量螺纹各参数。

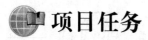

项目任务

任务 1　查表确定螺纹尺寸

1. 任务引入

查表求出标记为 M20×1-6g 外螺纹的中径、小径和大径的极限偏差，并计算中径、小径和大径的极限尺寸。

2. 任务分析

查表确定 M20×1-6g 外螺纹的中径、小径和大径的公称尺寸和极限偏差。

由附表 A-9 得知，小径 d_1＝18.917mm，中径 d_2＝19.350mm；由附表 A-12、A-10 得知，大径和中径的基本偏差 es＝−26μm，大径的公差 Td＝180μm；由附表 A-11 得知，中径的公差 Td_2＝118μm。根据以上数据，由偏差与公差、极限尺寸与极限偏差的关系式等相关公式计算，得出螺纹的中径、小径和大径的极限偏差和极限尺寸，将结果列入表 5-5 中。

表 5-5　M20×1-6g 外螺纹极限偏差和极限尺寸　　　　　单位：mm

公称尺寸名称	外螺纹的公称尺寸数值	
大径	d＝20	
中径	d_2＝19.350	
小径	d_1＝18.917	
极限偏差	es	ei
大径	−0.026	−0.206
中径	−0.026	−0.144
小径	−0.026	按牙底形状
极限尺寸	最大极限尺寸	最小极限尺寸
大径	19.974	19.794
中径	19.324	19.206
小径	18.891	牙底轮廓不超出 H/8 削平线

任务 2　螺纹的合格性判断

1. 任务引入

有一内螺纹 M20×7H，测得其实际中径 d_{2a}＝18.61mm，螺距累积误差 ΔP_Σ＝40μm，

实际牙型半角 $\alpha/2$（左）$=30°30'$，$\alpha/2=29°10'$，要求判断内螺纹的中径是否合格。

2. 任务分析

对内螺纹 M20-7H，实测得 $d_{2a}=18.61$mm，且

$$\Delta P_\Sigma=40\mu m,\ \frac{\alpha}{2}（左）=30°30',\ \frac{\alpha}{2}（右）=29°10'$$

查附表 A-9 得，M20-7H 为粗牙螺纹，其螺距 $P=2.5$mm，中径 $D_2=18.376$mm；查附表 A-11 得，中径公差 $TD_2=0.028$mm；查附表 A-11 得，中径下极限偏差 $EI=0$。

因此，中径的极限尺寸为

$$D_{2max}=18.656\text{mm},\ D_{2min}=18.376\text{mm}$$

由公式 $D_{2m}=D_2-f_p-f_{a/2}$ 知，内螺纹的作用中径为

$$D_{2m}=D_{2a}-（f_p+f_{a/2}）$$

实际中径为

$$D_{2a}=18.61\text{mm}$$

螺距累积误差为

$$\Delta P_\Sigma=40\mu m$$

由公式 $f_p=1.732|\Delta P_\Sigma|$ 知

$$f_p=1.732|\Delta P_\Sigma|=1.732\times40\mu m=0.6928\text{mm}$$

实际牙型半角

$$\alpha/2（左）=30°30',\ \alpha/2（右）=29°10'$$

$$f_{a/2}=0.073P\left[K_1\left|\Delta\frac{\alpha}{2}（左）\right|+K_2\left|\Delta\frac{\alpha}{2}（右）\right|\right]=$$

$$0.073\times2.5\times（3\times30+2\times50）\mu m=34.675\mu m=0.035\text{mm}$$

故　　　　　　　　$D_{2m}=（18.61-0.06928-0.035）\text{mm}=18.506\text{mm}$

根据中径合格性判断原则，有

$$D_{2a}=18.6\text{mm}<D_{2max}=18.656\text{mm}$$

$$D_{2m}=18.506\text{mm}>D_{2min}=18.376\text{mm}$$

因　　　　　　　　　　$D_{2a}<D_{2max},\ D_{2m}<D_{2min}$

故内螺纹的中径合格。

任务 3　螺栓和螺纹的螺纹检测

1. 任务引入

现有减速器箱体连接螺栓、螺母 M20-6H/5g6g，查表列出其顶径、中径、底径尺寸，中径和顶径的上、下极限偏差和公差。用螺纹千分尺测量外螺纹中径，并用螺纹环规、光滑极限量规检测螺纹是否合格，将检测结果填入表 5-6。

表 5-6　螺纹查表与检测结果

螺纹规格		参数查表			计量器具	检测情况	结论
		公称尺寸	上极限偏差	下极限偏差			
螺母 M20-6H	大径						
	中径						
	小径						
螺栓 M20-5g6g	大径						
	中径						
	小径						

2. 任务分析

螺纹是机床、仪表等设备上常见的结构要素，对机械的质量有着重要的影响。对螺纹除在材料强度上有要求外，在几何精度上也提出了相应的要求，以保证连接的可旋合性和一定接触高度。对螺纹配合的检测是机械生产必备的技能。

（1）查表

查附表 A-9 可以得到大径 D、d，中径 D_2、d_2，小径 D_1、d_1 的数值。

由中径和顶径公差带代号，查附表 A-11 至附表 A-13 可得螺纹中径公差 TD_2、Td_2，顶径公差 TD_1、Td，基本偏差 EI、es 的数值。

（2）检测

如前面相关知识所述，可用千分尺或螺纹千分尺测量螺纹中径，但由于没有考虑螺距偏差和牙型角偏差，单测量中径并不能判断螺纹中径的合格性，用螺纹综合测量规可方便判断螺纹的合格性。用工具显微镜可测量螺纹的多项参数，但测量仪器比较昂贵。单项参数的测量主要用于螺纹工件的工艺分析或螺纹量规和螺纹刀具的质量检查。

本任务中可用三针法或螺纹千分尺测量螺纹中径，用综合量规判断螺纹合格性。

项目六 滚动轴承的公差配合及选用

【项目内容】

◆ 滚动轴承基础知识、尺寸公差带及公差配合的选用。

【知识点与技能点】

◆ 滚动轴承的组成；
◆ 滚动轴承的尺寸公差带特点；
◆ 滚动轴承与轴外壳孔的配合。

 ## 知识点 1　滚动轴承的公差

1. 滚动轴承的结构

滚动轴承一般由外圆 1、内圆 2、滚动体 3 和保持架 4 组成，如图 6-1 所示。公称内径为 d 的轴承内圆与轴颈配合，公称外径为 D 的轴承外圆与外壳孔配合，属于光滑圆柱连接。其公差配合与一般光滑圆柱要求不同。

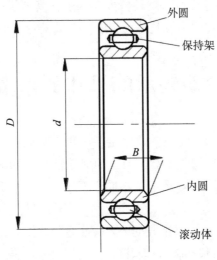

图 6-1　滚动轴承

滚动轴承是机械制造业中应用非常广泛的一种标准部件，具有保证轴或轴上零件的回转精度，减少回转件与支承间的摩擦和磨损，承受径向载荷、轴向载荷或径向与轴向联合载荷，并对机械零件部件相互间的位置进行定位的功能。

2. 滚动轴承公差等级与应用

滚动轴承是由专门的轴承厂生产的，为了实现轴承互换性的要求，我国定制了滚动轴承的公差标准，规定了滚动轴承的尺寸精度、旋转精度、测量方法，以及与轴承相配合的壳体和轴颈的尺寸精度、配合、几何公差和表面粗糙度等。

（1）滚动轴承的公差等级

滚动轴承的精度是按其外形尺寸公差和旋转精度分级的。

外形尺寸公差是指成套轴承的内径 d、外径 D 和宽度 B 尺寸公差；旋转精度主要指轴承内、外圈的径向跳动，内、外圈端面对滚道的跳动，内圈基准端面对内孔的跳动等。

国家标准 GB/T 307.3—2005《滚动轴承 通用技术规则》规定向心轴承（圆锥滚子轴承除外）精度分为 0、6、5、4 和 2 五级，其中 0 级精度最低，依次升高，2 级精度最高；圆锥滚子轴承精度分为 0、6X、5、4、2 五级；推力轴承精度分为 0、6、5、4 四级。

（2）滚动轴承公差等级的应用范围

0 级（普通级）：主要应用于低、中速及旋转精度要求不高的一般机械机构中，如普通机床的变速机构和进给机构，以及汽车、拖拉机的变速机构，普通电动机、水泵、压缩机的旋转机构等一般旋转机构。该级精度在机械制造中应用最广。

6、6X、5、4（精密级）：用于旋转精度要求较高或转速较高的旋转机构中。6 级用于转速较高、旋转精度要求较高的旋转机构，如普通机床主轴的后轴承、精密机床变速箱的轴承等。5、4 级用于高速、高旋转精度要求的机构，如普通机床主轴的前轴承等使用 5 级轴承，而精密机床的主轴轴承、精密仪器、仪表、高速摄影机等精密机械使用 4 级轴承。

2 级（超精级）：用于转速较高、旋转精度要求也很高的机构，如齿轮磨床、精密坐标镗床的主轴轴承，高精度仪器仪表及其他高精度精密机械的主要轴承。

知识点 2　滚动轴承的尺寸公差带

滚动轴承是标准部件。为了组织专业化生产，便于互换，轴承内圆直径与轴采用基孔制配合，外圆直径与外壳孔采用基轴制配合。而对于基孔制和基轴制的滚动轴承内、外径公差带，考虑其特点和使用要求，规定了不同于 GB/T 01800.1—2009 中任何等级的基准公差带（H/h）。

在 GB/T 1800.1—2009 中，基准孔的公差带在零线之上，而轴承内孔虽然也是基准孔（轴承内孔与轴配合也是采用基孔制），但其所有公差等级的公差带都在零线之下，如图 6-2 所示。

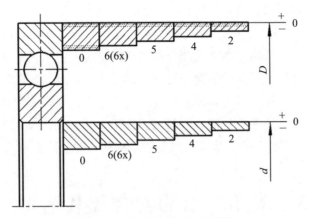

图 6-2　轴承内、外径公差带

由于向心滚动轴承内、外圈都是薄壁零件，在制作和保存过程中容易变形，若变形量不大，轴承与具有正确几何形态的轴颈和外壳孔装配后，这种变形会得到矫正，这样轴承单一平面内平均内、外径就成为轴承内、外圈起配合作用的尺寸，并且当与轴颈、外壳孔配合时，决定配合性质的是内圈的实际平均内径或外圈的实际平均外径。因此，为了使轴承内圈或外圈在加工和运输过程中产生的变形不至于过大而能在装配后得到矫正，减少对轴承工作精度的影响，并且保证轴承与轴颈、外壳孔配合的性质和精度。国家标准对轴承规定了内径和外径实际尺寸的极限偏差和轴承内圈各处实际内径的平均值公差或外圈各处实际外径的平均值公差。轴承内、外圈任一横截面内测量得的最大直径和最小直径的平均直径对公称直径的实际偏差 Δd_{mp}、ΔD_{mp}，具体数值可参见表 6-1。

表 6-1　部分向心轴承内、外圈单一平面平均内、外直径偏差 Δd_{mp}、ΔD_{mp}（GB/T 307.1—2005）

精度等级			0		6		5		4		2	
公称直径（mm）			极限偏差 Δd_{mp}、$\Delta D_{mp(\mu m)}$									
大于	到	上极限偏差	下极限偏差	上极限偏差	下极限偏差	上极限偏差	下极限偏差	上极限偏差	下极限偏差	上极限偏差	下极限偏差
内圈	18	30	0	−10	0	−8	0	6	0	5	0	2.5
	30	50	0	−12	0	−10	0	−8	0	−6	0	−2.5
	50	80	0	−15	0	−12	0	−9	0	−7	0	−4
外圈	30	50	0	−11	0	−9	0	−7	0	−6	0	−4
	50	80	0	−13	0	−11	0	−9	0	−7	0	−4
	80	120	0	−15	0	−13	0	−10	0	−8	0	−5
	120	150	0	−18	0	−15	0	−11	0	−9	0	−5

轴承内圈与轴配合，比 GB/T 1800.1—2009 中基孔制同名配合要紧得多，配合性质向过盈增加的方向转化。在多数情况下，轴承内圈是随轴一起转动，两者之间的配合必须有一定的过盈。但由于内圈是薄壁零件，且使用一定时间之后，轴承往往要拆换，因此过盈

量又不能过大。假如轴承内孔的公差带与一般基准孔的公差带一样，单向偏置在零线上侧，并采用 GB/T 1800.1—2009 中推荐的常用（或优先）的过盈配合，所采取过盈量往往太大；如改用过渡配合，又可能出现轴孔结合不可靠的情况；若采用非标准配合，不仅会给设计者带来麻烦，而且还不符合标准化和互换性的原则。为此，滚动轴承内、外径公差带对零线的配置采用单向配置，即所有公差带等级的平均内、外径极限偏差都单向偏置在零线下侧，上偏差为 0，下偏差为负值。通过与 GB/T 1800.1—2009 推荐的常用（或优先）过渡配合中某些轴的公差带结合，完全能满足轴承内孔与配合性能要求。

 # 知识点 3　滚动轴承的配合及其选用

滚动轴承的配合是指成套轴承的内孔与轴和外径与外壳的尺寸配合。合理地选择其配合对于充分发挥轴承的技术性能、保证机器正常运转、提高机械效率、延长使用寿命都有极重要的意义。

1. 轴颈和外壳孔的公差带

按照滚动轴承的工作特性，国家标准 GB/T 275—1993《滚动轴承与轴和外壳的配合》。对于一般工作条件（指对旋转精度、运转平稳性、工作温度无特殊要求的安装情况）的 0、6（6X）级轴承配合的钢制实心轴和厚壁空心轴颈规定了 20 种公差带；对铸钢或铸铁制的外壳孔规定了 17 种公差带，对轴承与外壳孔配合的常用公差带规定了 16 种。这些公差带分别选自 GB/T 1800.3—1998 中规定的轴公差带和孔公差带。

表 6-2、图 6-3 列出了与滚动轴承配合的轴颈 17 种和外壳孔 16 种常用公差带。

表 6-2　与滚动轴承各级精度相配合的轴和外壳孔公差带

轴承精度	轴公差带		外壳孔公差带		
	过渡配合	过盈配合	间隙配合	过渡配合	过盈配合
0	g8　g6　g5	k6　k5	G7	J7　J6　JS7　JS6	P7
	h7　h6　h5	m6　m5　n6　p6	H8 H7 H6	K7　K6　M7　M6	P6
	j6　j5　js5	r6		N7　N6	
6	g6　g5	k6　k5	G7	J7　J6　JS7　JS6	P7
	h6　h5	m6　m5　n6　p6	H8 H7 H6	K7　K6　M7　M6	P6
	j6　j5　js5	r6		N7　N6	
5	h5	k6　k5	H6	JS6	
	j5　js5	m6　m5		K6　M6	
4	h5　js5	k5　m5		K6	

注：① 孔 N6 与 G 级精度轴承（$D<150$mm）和 E 级精度轴承（$D<315$mm）的配合过盈配合；
② 轴 r6 用于内径 $d>120\sim500$mm；轴 r7 用于内径 $d>180\sim500$mm。

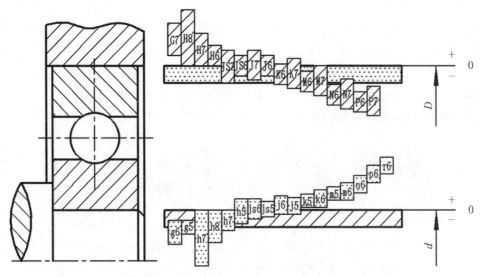

图 6-3 轴承与轴和外壳配合的常用公差带

由于轴承内圈单一平面平均内径 d_{mp} 公差带偏置在零线下侧，与 GB/T 1801 中基准孔 H 有所不同，所以轴承内圈与轴颈组成的基孔制配合比 GB/T 1801 中同名基孔制配合紧一些。g6、g5、h8、h7、h6、h5 轴颈与轴承内圈的配合已变成过渡配合，k5、k6、m5、m6、n6 变成小过盈量的过盈配合，其余的过盈量也都有所增加。此时，轴承内圈与轴颈的配合可以有不同过盈量的各种过渡配合和过盈配合，以满足滚动轴承配合的需要。

轴承外圈单一平面平均外径 D_{mp} 公差带偏置在零线下侧，与 GB/T 1801 中基准轴 h 位置相似，但其公差值并不符合标准，所以轴承外圈与外壳孔组成的基轴制配合，同 GB/T 1801 中同名基轴制配合相比较，基本上保持类似的配合性质。

2. 滚动轴承配合的选用

滚动轴承配合种类的选择应根据轴承的类型和尺寸、载荷的大小和方向，以及载荷的性质等来决定。正确地选择与滚动轴承的配合，对保证机器正常运转、充分发挥其承载能力、延长使用寿命都有很重要的作用。配合的选择就是确定与轴承相配合的轴和外壳的公差带，选择时主要依据下列因素。

（1）负荷的类型

负荷的类型直接影响轴承配合的选用。一般作用在轴承上的负荷有固定负荷（如齿轮作用力、传动皮带拉力）和旋转负荷（如机械零件偏心力）两种，两种负荷的合成成为合成径向负荷，由轴承内圆、外圈的滚动体承受。根据轴承套圈工作时相对合成负荷的方向，将套圈受的负荷分为 3 种类型：固定负荷、循环负荷、摆动负荷。

1）固定负荷：径向负荷始终作用在套圈滚道的局部区域，如图 6-4（a）所示，不旋转的外圈和图6-4（b）所示不旋转的内圈均受到一个方向一定的径向负荷的作用，如汽车与拖拉机前轮（从动轮）轴承内圈的受力就属于这种情况。

2）循环负荷：作用与轴承上的合成径向负荷与套圈相对旋转，并依次作用在该套圈的整个圆周滚道上，如图 6-4（a）所示旋转的内圈和图 6-4（b）所示旋转的外圈均受到一个作用位置依次改变的径向负荷的作用，如汽车与拖拉机前轮（从动轮）轴承外圈的受力就是典型例子。

3）摆动负荷：大小和方向按一定规律变化的径向负荷作用在套圈的部分滚道上，如图 6-4（c）所示不旋转的外圈和图 6-4（d）所示不旋转的内圈均受到固定负荷 F_r 和较小的旋转负荷 F_c 的同时作用，二者的合成负荷在一定的区域内摆动。

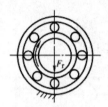  

    （a）内圈—旋转负荷 （b）内圈—固定负荷 （c）内圈—旋转负荷 （d）内圈—摆动负荷
        外圈—固定负荷   外圈—旋转负荷   外圈—摆动负荷   外圈—旋转负荷

图 6-4　轴承套圈承受负荷的类型

当套圈相对于负荷方向固定时，该套圈与轴或外壳的配合应稍松些，以使套圈在工作过程中偶尔产生少许转位，从而改变受力状态，使滚道磨损均匀，延长轴承使用寿命。因此一般选用具有平均间隙较小的过渡配合或具有极小间隙的间隙配合。

当套圈相对负荷方向旋转时，该套圈与轴或外壳的配合应较紧，以防止轴套在轴径上或外壳的配合表面打滑，引起配合表面发热、磨损，影响正常工作，因此一般选用过盈小的过盈配合或过盈概率大的过渡配合。必要时，过盈量的大小可以通过计算确定。

当套圈相对于负荷方向摆动时，该套圈与轴或外壳的配合一般与套圈相对于负荷方向旋转时选用的配合相同，或稍松一些。

（2）负荷的大小

轴承负荷的大小可用当量径向动负荷 P_r 与轴承的额定动负荷 C_r 的比值来区分，按 GB/T 275—1993 的规定：一般把径向负荷 $P_r \leqslant 0.07C_r$ 的称为轻负荷，$0.07C_r < P_r \leqslant 0.15C_r$ 称为正常负荷，$P_r > 0.15C_r$ 的称为重负荷。轴承的额定负荷 C_r，是指轴承能够旋转 10^5 次而不发生点蚀破坏的概率为 90% 时的载荷值。

滚动轴承套圈与轴或壳体孔配合的最小过盈，取决于负荷的大小。负荷越大，过盈量应选的越大，因为在承受重负荷或冲击负荷时，轴承套圈易出现较大的变形，使配合面受力不均而实际过盈减小和轴承内部的实际间隙增大。因此，为了使轴承运转正常，应选较大的过盈配合。同理，承受较轻的负荷，可选用较小的过盈配合。

（3）工作温度的影响

轴承工作时，由于摩擦发热和其他原因，轴承套圈的温度往往高于与其相配零件的温度。这样，内圈与轴的配合可能松动，外圈与孔的配合可能变紧，所以在选择配合时，必须考虑轴承工作温度的影响。因此，轴承工作温度一般应低于 100℃，在高于此温度中工作的轴承，应将所选用的配合适当修正。

（4）轴承尺寸大小

滚动轴承的尺寸越大，选取的配合应越紧。但对于重型机械上使用的特别大尺寸的轴承，应采用较松的配合。

（5）旋转精度的影响

对于负荷较大、有较高旋转精度要求的轴承，为消除弹性变形和振动的影响，应避免采用间隙配合。对于精密机床的轻负荷轴承，为避免孔和轴的形状误差对轴承精度的影响，常采用较小的间隙配合。

（6）其他因素的影响

为了考虑轴承安装与拆卸的方便，宜采用较松的配合，对重型机械用的大型或特大型轴承尤为重要。如果既要求装拆方便，又需紧配合时，可采用分离型轴承，或采用内圈带锥孔、紧定套和退卸套的轴承。

选用轴承配合时，还应考虑旋转速度、轴和外壳孔的结构与材料等因素。

综上所述，影响滚动轴承配合选用的因素较多，通常难以用计算法确定，所以在实际生产中常用类比法。表 6-3、表 6-4、表 6-5、表 6-6 列出了国家标准推荐的安装向心轴承和推力轴承的轴和外壳孔的公差带的应用情况，供选用时参考。

表 6-3　向心轴承和外壳的配合：轴公差带代号（GB/T 275—1993）

圆柱孔轴承					
运转状态		负荷状态	深沟球轴承、调心球轴承和角接触球轴承	圆柱和圆锥滚子轴承	调心滚子轴承	公差带
说明	举例		轴承公差内径（mm）			
旋转的内圈负荷及摆动负荷	一般通用机械、电动机、机床主轴、泵、内燃机、正齿轮传动装置、铁路机车车辆轴箱、破碎机等	轻负荷	≤18 >18~100 >100~200 —	— ≤40 >40~140 >140~200	— ≤40 >40~100 >100~200	j6① k6① m6①
		正常负荷	≤18 >18~100 >100~140 >140~200 >200~280 — —	≤40 >40~100 >100~140 >140~200 >200~400 —	≤40 >40~65 >65~100 >100~140 >140~280 >280~500	j6、js5 k5② m5② m6 n6 p6 r6
		重负荷	>50~140 >140~200 >200 —	>50~100 >100~140 >140~200 >200	n6 p6 r6 r7

圆柱孔轴承					
运转状态		负荷状态	深沟球轴承、调心球轴承和角接触球轴承	圆柱和圆锥滚子轴承	调心滚子轴承	公差带
说明	举例		轴承公差内径（mm）			
固定的内圈负荷	静止轴上的各种轮子、张紧线轮、振动筛、惯性振动器	所有负荷	所用尺寸			f6 g6① h6 j6
	仅有轴向负荷		所用尺寸			j6、js6

圆锥孔轴承			
所有负荷	铁路机车车辆轴箱	装在紧定套上的所有尺寸	h8（IT6）④⑤
	一般机械传动	装在退卸套上的所有尺寸	h9（IT6）④⑤

注：① 凡对精度有较高要求的场合，应用 j5、k5、……代替 j6、k6、……；
② 圆锥滚子轴承、角接触球轴承配合对游隙影响不大，可用 k6、m6 代替 k5、m5；
③ 重负荷下轴承游隙应选大于 0 组；
④ 凡有较高精度或转速要求的场合，应选用 h7（IT5）代替 h8（IT6）等；
⑤ IT6、IT7 表示圆柱度公差值。

表 6-4　向心轴承和外壳的配合：孔公差带代号（GB/T 275—1993）

运转状态		负荷状态	其他状况	公差带①	
说明	举例			球轴承	滚子轴承
固定的外圈负荷	一般机械、铁路机车车辆轴箱、电动机、泵、曲轴主轴承	轻、正常、重	轴向易移动，可采用剖分式外壳	H7、G7②	
		冲击	轴向能移动，可采用整体式或剖分式外壳	J7、JS7	
摆动负荷		轻、正常			
		正常、重		K7	
		冲击		M7	
旋转的外圈负荷	张紧滑轮、轮毂轴承	轻	轴向不移动，采用整体式外壳	J7	K7
		正常		K7、M7	M7、N7
		重			N7、P7

注：① 并列公差带随尺寸的增大从左至右选择，对旋转精度有较高要求时，可相应提高一个公差等级；
② 不适用剖分式外壳。

表 6-5　推力轴承和轴的配合：轴公差带代号（GB/T275—1993）

运转状态	负荷状态	球和滚子轴承	调心滚子轴承	公差带
		轴承公差内径（mm）		
仅有轴向负荷		所有尺寸		j6、js6
固定的轴圈负荷	径向和轴向联合负荷	—	≤250	j6
			>250	js6
旋转的轴圈负荷或摆动负荷		—	≤200	k6①
			>200～400	m6
			>400	n6

注：① 要求较小过盈时，可分别以 j6、k6、m6 代替 k6、m6、n6；
　　② 也包括推力圆锥滚子轴承，推力角接触轴承。

表 6-6　推力轴承和外壳的配合：孔公差带代号（GB/T275—1993）

运转状态	负荷状态	轴承类型	公差带	备注
仅有轴向负荷		球轴承	H8	—
		圆柱、圆锥滚子轴承	H7	—
		调心滚子轴承		外壳孔与座圈间间隙为 0.001D（D 为轴承公称外径）
固定的座圈负荷	径向和轴向联合负荷	角接触球轴承、调心滚子轴承、圆锥滚子轴承	H7	—
旋转的座圈负荷或摆动负荷			K7	普通使用条件
			M7	有较大径向负荷时

3. 轴颈和外壳孔的形位公差和表面粗糙度

配合表面的粗糙度和形位公差，直接影响产品的使用性能，如耐磨性、抗腐蚀性和配合性质等。为此，合理规定轴和外壳孔的形位公差和提出配合表面的粗糙度要求，对于稳定配合性质，提高连接强度至关重要。轴颈和外壳孔的形位误差太大，轴承安装后套圈会变形。轴肩和外壳孔端面是轴承的轴向定位面，它们的端面跳动太大时，轴承安装后会严重歪斜。因此 GB/T 275—1993 规定了与轴承配合的轴颈和外壳孔表面的圆柱度公差、轴肩及外壳孔端面的端面圆跳动公差、各表面的粗糙度要求等，见表 6-7、表 6-8。

表 6-7　轴和外壳孔的形位公差

基本尺寸（mm）		圆柱度 t				端面圆跳动 t_1			
		轴颈		外壳孔		轴肩		外壳孔肩	
		轴承公差等级							
		0	6（6X）	0	6（6X）	0	6（6X）	0	6（6X）
大于	至	公差值（μm）							
	6	2.5	1.5	4	2.5	5	3	8	5
6	10	2.5	1.5	4	2.5	6	4	10	6

基本尺寸（mm）		圆柱度 t				端面圆跳动 t_1			
		轴颈		外壳孔		轴肩		外壳孔肩	
		轴承公差等级							
		0	6（6X）	0	6（6X）	0	6（6X）	0	6（6X）
大于	至	公差值（µm）							
10	18	3.0	2.0	5	3.0	8	5	12	8
18	30	4.0	2.5	6	4.0	10	6	15	10
30	50	4.0	2.5	7	4.0	12	8	20	12
50	80	5.0	3.0	8	5.0	15	10	25	15
80	120	6.0	4.0	10	6.0	15	10	25	15
120	180	8.0	5.0	12	8.0	20	12	30	20
180	250	10.0	7.0	14	10.0	20	12	30	20
250	315	12.0	8.0	16	12.0	25	15	40	25
315	400	13.0	9.0	18	13.0	25	15	40	25
400	500	15.0	10.0	20	15.0	25	15	40	25

表 6-8　轴承配合面的表面粗糙度

轴或轴承座直径（mm）		轴或外壳配合表面直径公差等级								
		IT7			IT6			IT5		
		表面粗糙度（µm）								
大于	至	Rz	Ra		Rz	Ra		Rz	Ra	
			磨	车		磨	车		磨	车
	80	10	1.6	3.2	6.3	0.8	1.6	4	0.4	0.8
80	500	16	1.6	3.2	10	1.6	3.2	6.3	0.8	1.6
端面		2.5	3.2	6.3	25	3.2	6.3	10	1.6	3.2

4. 滚动轴承配合的标注

由于滚动轴承是标准部件，在装配图上标注滚动轴承与轴颈和外壳孔的配合时，只需要标注轴颈和外壳孔的公差带代号，如图 6-5 所示。

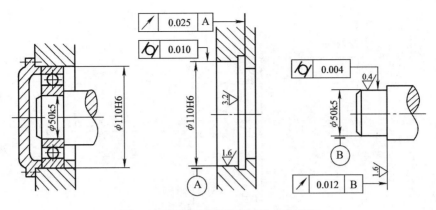

图 6-5 滚动轴承配合在图样上的标注

项目任务

任务 1 深沟球轴承配合与公差技术要求的标注

1. 任务引入

有一圆柱齿轮减速器，如图 6-6 所示，小齿轮轴要求较高的旋转精度，装有 0 级单列深沟球轴承，轴承尺寸为 $50\text{mm} \times 110\text{mm} \times 27\text{mm}$，额定动负荷 $C_r = 32000\text{N}$，轴承承受的径向负荷 $F_r = 4000\text{N}$。试用类比法确定轴颈和外壳孔的公差带代号，画出公差带图，并确定孔、轴的形位公差值和表面粗糙度，并将它们分别标注在装配图和零件图上。

2. 任务分析

1）按给定条件可知：$F_r = 0.125C_r$，属于正常负荷。

2）按照减速器的工作状况可知：内圈负荷为旋转负荷，外圈负荷为固定负荷。

3）参考表 6-3、表 6-4，选轴颈公差带为 k6，外壳孔公差带为 G7 或 H7。但由于该轴的旋转精度要求较高，故选更紧一些的配合 J7（基轴制配合）较为恰当。

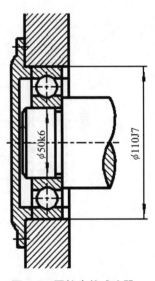

图 6-6 圆柱齿轮减速器

4）从表 6-1 中查出，轴承内、外圈单一平面平均直径的上、下偏差，再由标准公差数值（附表 A-1），孔、轴基本偏差数值（附表 A-3、附表 A-2）查出 k6 和 J7 的上、下偏差，画出公差带图，如图 6-7 所示。从图 6-7 可算出内圈与轴 $Y_{min} = -0.002\text{mm}$，$Y_{max} = -0.003\text{mm}$；外圈与孔 $X_{max} = +0.037\text{mm}$，$Y_{max} = -0.013\text{mm}$。

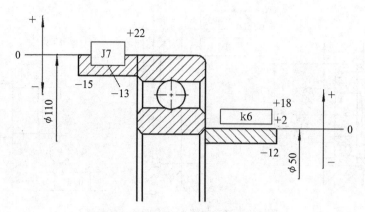

图 6-7　轴承与孔、轴配合的公差带

5）查表 6-7 得，圆柱度要求：轴颈为 0.004mm，外壳孔为 0.010mm；端面圆跳动要求：轴肩为 0.012mm，外壳孔肩为 0.025mm。

6）查表 6-8 得，粗糙度要求：轴颈 $Ra \leqslant 0.8\mu m$，轴肩 $Ra \leqslant 3.2\mu m$，外壳孔 $Ra \leqslant 1.6\mu m$，孔肩 $Ra \leqslant 3.2\mu m$。

7）将选择的各项公差要求标注在图上，如图 6-8 所示。

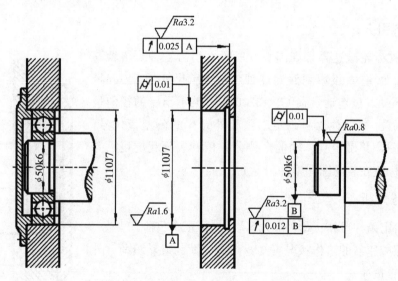

图 6-8　轴和外壳孔的公差带标注

任务 2　向心球轴承配合与公差技术要求的标注

1. 任务引入

在 C616 车床（C616 为普通车床，旋转精度和转速较高）主轴后支承上，装有两个单列向心球轴承，如见图 6-9 所示，其外形尺寸为 $d \times D \times B = 50mm \times 90mm \times 20mm$。试选定轴承的精度等级，轴承与轴、外壳孔的配合；试用类比法确定轴颈和外壳孔的公差带代号，画出公差带图，并确定孔、轴的形位公差值和表面粗糙度，并将它们分别标注在装配图和零件图上。

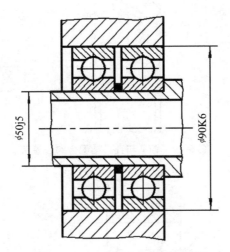

图 6-9 C616 车床主轴后轴承结构

2. 任务分析

1）确定轴承的精度等级：C616 车床属于轻载的普通车床，主轴承受轻载荷。C616 车床的旋转精度和转速较高，选择 6（E）级精度的滚动轴承。

2）按照其工作状况可知：轴承内圈与主轴配合一起旋转，外圈装在壳体中不转。主轴后支承主要承受齿轮传递力，故内圈承受旋转负荷，外圈承受定向负荷，前者配合应紧，后者配合略松。

3）参考表 6-3、表 6-4，选出轴公差带为 j5，壳体孔公差带为 J6。机床主轴前轴承已轴向定位，若后轴承外圈与壳体孔配合无间隙，则不能补偿由于温度变化引起的主轴的伸缩性；若外圈与壳体孔配合有间隙，会引起主轴跳动，影响车床的加工精度。为了满足使用要求，将壳体孔公差带提高一挡，改用 K6。

4）按滚动轴承公差国家标准，从表 6-1 中查出，轴承内、外圈单一平面平均直径的上、下偏差，再由标准公差数值（附表 A-1），孔、轴基本偏差数值（附表 A-3、附表 A-2）查出 j5 和 K6 的上、下偏差，从而画出公差带图，如图 6-10 所示。查出 6（E）级轴承单一平面平均内径偏差 $\Delta d_{\text{mp}上} = 0$mm，$\Delta d_{\text{mp}下} = -0.01$mm；单一平面平均外径偏差 $\Delta D_{\text{mp}上} = 0$mm，$\Delta D_{\text{mp}下} = -0.013$mm。根据公差与配合国家标准 GB/T 1800.3—1998 查得：轴为 $\phi 50j5\ (^{+0.006}_{-0.005})$，壳体孔为 $\phi 90K6\ (^{+0.004}_{-0.018})$。

5）查表 6-7 得，圆柱度要求：轴颈为 0.0025mm，外壳孔为 0.006mm；端面圆跳动要求：轴肩为 0.008mm。

6）查表 6-8 得，粗糙度要求：轴颈 $Ra \leqslant 0.4 \mu$m，轴肩 $Ra \leqslant 1.6 \mu$m，外壳孔 $Ra \leqslant 1.6 \mu$m。

7）将选择的各项公差要求标注在图上，如图 6-11 所示。

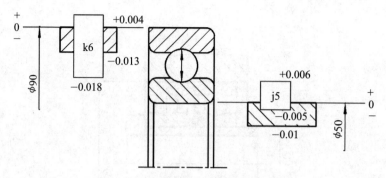

图 6-10　轴承与孔、轴配合的公差带

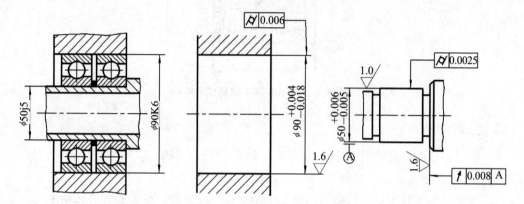

图 6-11　轴和外壳孔的公差带标注

项目七　圆柱齿轮的公差配合与检测

【项目内容】

◆ 圆柱齿轮精度及其指标的选用；

◆ 齿轮各项偏差的检测。

【知识点与技能点】

◆ 圆柱齿轮传动的基本要求、齿轮的主要加工误差；

◆ 圆柱齿轮精度评定指标；

◆ 齿轮副精度与齿坯精度；

◆ 渐开线圆柱齿轮精度与标注；

◆ 齿轮的常用检测方法；

◆ 对齿轮常用偏差指标进行检测的方法。

知识点 1　齿轮传动的基本要求及误差来源

1. 齿轮传动的基本要求

各种机械上所用的齿轮，对齿轮传动的使用要求可分为传动精度和齿侧间隙两个方面，归纳起来有以下 4 项。

（1）传递运动的准确性

要求齿轮在一转的过程中，最大的转角误差限制在一定的范围内，以保证从动件与主动件运动协调一致。

（2）传动的平稳性

要求齿轮传动瞬间，传动比变化不大。因为瞬间传动比的突然变化会引起齿轮冲击，产生噪声和振动。

（3）载荷分布的均匀性

要求齿轮啮合时，齿面接触良好，以免引起应力集中，造成齿面局部磨损，影响齿轮的使用寿命。

（4）传动侧隙

要求齿轮啮合时，非工作齿面间应具有一定的间隙。这个间隙对于储藏润滑油，补偿齿轮传动受力后的弹性变形、热膨胀，补偿齿轮和齿轮传动装置其他元件的制造误差、装配误差都是必要的，否则齿轮在传动过程中可能卡死或烧伤。但是，侧隙也不宜过大，对于经常需要正反转的传动齿轮副，间隙过大会引起换向冲击，产生空程。所以，应合理确定间隙的数值。

2. 齿轮误差的来源

在齿轮加工中，最主要的加工方法按照齿轮廓的形成原理分为仿形法和范成法两类。前者应用成型铣刀在铣床上铣齿；后者用滚刀在滚齿机上滚齿，如图 7-1 所示。在滚齿机上产生加工误差的主要因素如下。

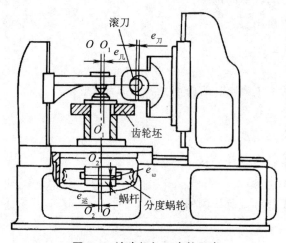

图 7-1　滚齿机加工齿轮示意

（1）几何偏心

这是由于齿轮空的几何中心（O-O）与齿轮加工时的旋转中心（O-O_1）不重合而引起的，存在一个偏心距 $e_几$。

（2）运动偏心

这是由于分度涡轮的加工误差（主要是齿距累积误差）及安装偏心 $e_运$ 所引起的。

（3）机床传动链的高频误差

加工直齿轮时，受分度传动链的传动误差（主要是分度蜗杆的径向跳动和轴向窜动）的影响；加工斜齿轮时，除分度传动链外，还受传动链的传动误差的影响。

（4）滚刀的安装误差和加工误差

滚刀的安装误差 $e_刀$ 和加工误差，如滚刀的径向跳动、轴向窜动和齿形角误差等。

知识点 2　齿轮精度评定指标

由于齿轮的制造与安装精度对机器、仪表的工作性能、寿命有重要影响，正确选用齿轮公差并进行合理检测十分重要。

国家标准给出了齿轮评定项目允许值，并规定了齿轮精度检测的实施规范，其中规定了 14 项偏差要素，可划分为单项偏差 10 项和综合偏差 4 项，见表 7-1。

表 7-1　齿轮偏差项目

偏差项目				偏差符号	精度等级
齿轮同侧齿面	单项偏差	齿距偏差	单个齿距偏差	f_{pt}	0～12 级，共 13 级，0 级最高，12 级最低，5 级为基础级 3～5 为高精度， 6～8 为中等精度， 9～12 为低精度
			齿距累积偏差	F_{pk}	
			齿距累积总偏差	F_p	
		齿廓偏差	齿廓总偏差	F_α	
			齿廓形状偏差	$f_{f\alpha}$	
			齿廓倾斜偏差	$f_{H\alpha}$	
		螺旋线偏差	螺旋线总偏差	F_β	
			螺旋线形状偏差	$f_{f\beta}$	
			螺旋线倾斜偏差	$f_{H\beta}$	
径向			径向跳动	F_r	
齿轮同侧齿面	综合偏差	切向综合偏差	切向综合总偏差	F_i'	4～12 级，共 9 级
			一齿切向综合偏差	f_i'	
		径向综合偏差	径向综合总偏差	F_i''	
径向			一齿径向综合偏差	f_i''	

根据齿轮各项偏差对使用要求的影响，可将齿轮偏差分为影响齿轮传动准确性的偏差，影响齿轮传动平稳性的偏差和影响齿轮传动载荷分布均匀性的偏差组。控制这些偏差，才能保证齿轮传动的精度。

1. 齿轮同侧齿面偏差

（1）齿距偏差

1）单个齿距偏差（f_{pt}）在端平面上接近齿高中部与齿轮轴线同心的圆上，实际齿距与理论齿距的代数差称为单个齿距偏差。如图 7-2 所示，虚线代表理论轮廓，实线代表实际轮廓。齿距偏差主要影响运动平稳性。

2）齿距累积偏差（F_{pk}）是任意 k 个齿距的实际弧长与理论弧长的代数差，如图 7-2 所示。理论上它等于这 K 个齿距的单个齿距偏差的代数和，K 一般为 2 到小于 $z/8$（z 为齿轮齿表）的整数。齿距累积偏差主要影响运动平稳性。

3）齿距累积总偏差（F_p）是指齿轮同侧齿面任意圆弧段（$k=1$ 至 $k=z$）内的最大齿距累积偏差。齿距累积总偏差主要影响运动准确性。

测量齿距偏差的方法很多，常用齿距仪或万能测齿仪用相对法测量。测量时，首先以

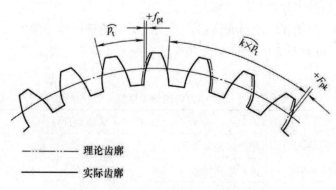

图 7-2 单个齿距偏差和齿距累积偏差

被侧齿上任意实际齿距作为基准，将仪器指示表调零，然后沿整个齿圈依次测出其他实际齿距与作为基准的齿距的差值，经过数据处理可以同时求得 f_{pt}、F_{pk}、F_p。

（2）齿廓偏差

齿廓偏差是实际轮廓偏离设计轮廓的量。在端平面内垂直于渐开线齿廓的方向计值。

1）轮廓总偏差（F_α）在计值范围内，包容实际轮廓迹线的两条设计齿廓迹线间的距离。

2）齿廓形状偏差（$f_{f\alpha}$）在计值范围内，包容实际齿廓迹线的两条与平均齿廓迹线完全相同的曲线间的距离，且两条曲线与平均齿廓迹线的距离为常数。

3）齿廓倾斜偏差（$f_{H\alpha}$）在计值范围的两端与平均齿廓迹线相交的两条设计轮廓迹线的距离。齿廓偏差主要影响运动的平稳性。标准中规定齿廓形状偏差（$f_{f\alpha}$）和齿廓倾斜偏差（$f_{H\alpha}$）不是必检项目。齿廓偏差常用展成法测量。

（3）螺旋线偏差

1）螺旋线总偏差（F_β）在计算范围内，包容实际螺旋线迹线的两条设计螺旋线迹线间的距离。

2）螺旋线形状偏差（$f_{f\beta}$）在计算范围内，包容实际螺旋线迹线的两条与平均螺旋线迹线完全相同的曲线间的距离，且两条曲线与平均螺旋线迹线的距离为常数。

3）螺旋线倾斜偏差（$f_{H\beta}$）在计算范围的两端与平均螺旋线迹线相交的设计螺旋线迹线间的距离。螺旋线偏差反映了齿轮在齿向方面的误差，主要影响载荷分布的均匀性，用于评定轴向重合度大于 1.25 的宽斜齿轮及人字齿轮，它适用于传递功率大、速度高的高精度宽斜齿轮的传动要求。螺旋线偏差常用展成法测量。

（4）切向综合偏差

1）切向综合总偏差（F_i'）指被测齿轮与理想精确齿轮做单面啮合传动时，在被侧齿轮一转中，齿轮分度圆上实际圆周位移与理想圆周位移的最大差值，它以分度圆弧长计值。即在齿轮单面啮合情况下测得的齿轮一转内转角误差的总幅度值，该误差是几何偏心、运动偏心加工误差的综合反映，因而是评定齿轮传递运动准确性的最佳综合评定指标。

2）一齿切向综合偏差（f_i'）指被测齿轮与理想精确齿轮做单面啮合，在被测齿轮一个齿距角内，实际转角与设计转角之差的最大幅度值，以分度圆弧长计值。一齿切向综合偏差反映齿轮工作时引起振动、冲击和噪声等的高频运动误差的大小，它直接和齿轮的工作性能相关，是齿廓偏差、齿距等各项误差综合结果的反映，是综合性指标。

切向综合偏差是在单面啮合综合检测仪（简称单啮仪）上进行测量的，单啮仪结构复杂，单价昂贵。标准规定，它们不是必检项目。

2．径向综合偏差和径向跳动

（1）径向综合偏差

1）径向综合总偏差（F_i''）与理想精确的测量齿轮双面啮合时，在被测齿轮一转内，双啮中心距的最大变动量。径向综合偏差主要反映齿轮的长周期误差，影响齿轮传递运动的准确性。

2）一齿径向综合偏差（f_i''）与理想精确的测量齿轮双面啮合时，在被测齿轮一齿距角内，双啮中心距的最大变动量，主要影响齿轮传递运动的平稳性。

（2）径向跳动

轮齿的径向跳动（F_r）指测头在齿轮旋转时逐齿地放置于每个齿槽中，相对于齿轮的基准轴线的最大和最小径向位置之差。径向跳动也是反映在齿轮一转范围内在径向方向起作用的误差，与径向综合偏差的性质相似。所以，如果已经检测 F_i''，就不要再检测 F_r 了。F_r 反映几何偏心的影响，不反映运动偏心的影响，需与反映运动偏心影响的指标如 F_w、F_p、F_i' 等配合使用。

3. 齿厚允许的上、下偏差和公法线平均长度偏差

（1）齿厚允许的上、下偏差（E_{sns}、E_{sni}）

在分度圆柱面上，实际齿厚与设计齿厚之差。对于标准齿轮，公称齿厚就是齿距的一半。为了获得齿轮啮合时的齿侧间隙，通常减薄齿厚，齿厚偏差是评价齿侧间隙的一项指标。它在上述两个标准的范围内，是在 GB/Z 18620.2—2002 中介绍的，齿厚实际值与公称值之差就是齿厚偏差。

（2）公法线平均长度偏差（E_{bn}）

指齿轮一转范围内，各部位的公法线的平均值与设计值之差。公法线平均长度偏差可以反映齿轮加工时分度涡轮中心与工作台中心不重合产生的运动偏心，可用它作为评定齿轮传递运动准确性的一项指标，该指标适用于滚齿加工的齿轮。

公法线平均长度上、下偏差 E_{bns}、E_{bni} 与齿厚允许的上、下偏差 E_{sns}、E_{sni} 有以下关系：

$$E_{bns}=E_{sns}\cos\alpha_n$$

$$E_{bni}=E_{sni}\cos\alpha_n$$

非变位标准直齿圆柱齿轮公法线长度理论公称值可查附表 A-14 或按下式计算：

$$E_{bn}=W_k=m[1.476(2k-1)+0.014z]$$

知识点3 渐开线齿轮的精度及应用

1. 齿轮的精度等级

（1）轮齿同侧齿面偏差的精度等级

GB/T 10095.1—2008 对轮齿同侧齿面偏差，即要素偏差（如齿距、齿廓、螺旋线等）和切向综合偏差的公差，规定了 13 个精度等级，其中，0 级是最高级，12 级是最低级。

GB/T 10095.2—2008 对径向综合偏差 F_i'' 和 f_i'' 规定了 9 个精度等级，其中，4 级是最高级，12 级是最低级；径向跳动公差值，其中，0 级是最高级，12 级是最低级。

（2）径向综合偏差

对于分度圆直径为 5～1000mm，模数（法向模数）为 0.2～10mm 的渐开线圆柱齿轮的径向综合总偏差 F_i'' 和一齿径向综合偏差 f_i''，GB/T 10095.2 规定了 4、5、…、12，共 9 个精度等级。其中，4 级是最高级，12 级是最低级。

（3）径向跳动

对于分度圆直径为 5～10000mm，模数（法向模数）为 0.5～70mm 的渐开线圆柱齿轮的径向跳动，GB/T 10095.2 推荐了 0、1、…、12，共 13 个精度等级。其中，0 级是最高级，12 级是最低级。

常用精度的偏差数值见表 7-2 至表 7-5。

表 7-2 $\pm f_{pt}$、F_p、F_r、F_w 的数值（GB/T 10095—2008）

分度圆直径 d（mm）	模数 m（mm）	$\pm f_{pt}$				F_p				F_r				F_w			
		精度等级															
		5	6	7	8	5	6	7	8	5	6	7	8	5	6	7	8
5≤d≤20	0.5≤m≤2	4.7	6.5	9.5	13	11	16	23	32	9	13	18	25	10	14	20	29
	2<m≤3.5	5.0	7.5	10	15	15	17	23	33	9.5	13	19	27				
20<d≤50	0.5<m≤2	5	7	10	14	14	20	29	41	11	16	23	32	12	16	23	32
	2<m≤3.5	5.5	7.5	11	15	15	21	30	42	12	17	24	34				
	3.5<m≤6	6	8.5	12	17	15	22	31	44	12	17	25	36				
50<d≤125	0.5<m≤2	5.5	7.5	11	16	18	26	37	52	15	21	29	42	14	19	27	37
	2<m≤3.5	6	8.5	12	17	19	27	38	53	15	21	30	43				
	3.5<m≤6	6.5	9	13	18	19	28	39	55	16	22	31	44				
125<d≤280	0.5<m≤2	6	8.5	12	17	27	35	49	69	20	28	39	55	16	22	31	44
	2<m≤3.5	6.5	9	13	18	25	35	50	70	20	28	40	56				
	3.5<m≤6	7	10	14	20	25	36	51	72	20	29	41	58				
280<d≤560	0.5<m≤2	6.5	9.5	13	19	32	46	64	91	26	36	51	73	19	26	37	53
	2<m≤3.5	7	10	14	20	33	46	65	92	26	37	52	74				
	3.5<m≤6	8	11	16	22	33	47	66	94	27	38	53	75				

表 7-3　F_a、f_{fa}、$\pm f_{Ha}$ 和 f' 的数值（GB/T 10095—2008）

分度圆直径 d (mm)	模数 m (mm)	F_a				f_{fa}				$\pm f_{Ha}$				f'			
		精度等级															
		5	6	7	8	5	6	7	8	5	6	7	8	5	6	7	8
5≤d≤22	0.5≤m≤2	4.6	6.5	9	13	3.5	5	7	10	2.9	4.2	6	8.5	14	19	27	38
	2<m≤3.5	6.5	9.5	13	19	5	7	10	14	4.2	6	8.5	12	16	23	32	45
20≤d≤50	0.5≤m≤2	5	7.5	10	15	4.0	5.5	8.0	11	3.3	4.6	6.5	9.5	14	20	29	41
	2<m≤3.5	7	10	14	20	5.5	8.0	11	15	4.5	6.5	9.0	13	17	24	34	48
	3.5<m≤6	9	12	18	25	7.0	9.5	14	19	5.5	8.0	11	16	19	27	38	54
50≤d≤125	0.5≤m≤2	6.0	8.5	12	17	4.5	6.5	6.0	13	3.7	5.5	7.5	11	16	22	31	44
	2<m≤3.5	8.0	11	16	22	6.0	8.5	12	17	5.0	7.0	10	14	18	25	36	51
	3.5<m≤6	9.5	13	19	27	7.5	10	15	21	6.0	8.5	12	17	20	29	40	57
125≤d≤280	0.5≤m≤2	7.0	10	14	20	5.5	7.5	11	15	4.4	6.0	90	12	17	24	34	49
	2<m≤3.5	9.0	13	18	25	7.0	9.5	14	19	5.5	8.0	11	16	20	28	39	56
	3.5<m≤6	11	15	21	30	8.0	12	16	23	6.5	9.5	13	19	22	31	44	62
280≤d≤560	0.5≤m≤2	8.5	12	17	23	6.5	9.0	13	18	5.5	7.5	11	15	19	27	39	54
	2<m≤3.5	10	15	21	29	8.0	11	16	22	6.5	9.0	13	18	22	31	44	62
	3.5<m≤6	12	17	24	34	9.0	13	18	26	7.5	11	15	21	24	34	48	68

表 7-4　F_β、$f_{f\beta}$、$\pm f_{H\beta}$ 的数值（GB/T 10095—2008）

项目偏差		螺旋线总公差 F_β				螺旋线形状公差 $f_{f\beta}$ 螺旋线倾斜极限偏差 $\pm f_{H\beta}$			
分度圆直 d (mm)	齿宽 b (mm)	齿轮精度等级							
		5	6	7	8	5	6	7	8
5≤d≤20	4≤b≤10	6.0	8.5	12	17	4.4	6.0	8.5	12
	10<b≤20	7.0	9.5	14	19	4.9	7.0	10	14
20<d≤50	4≤b≤10	6.5	9.0	13	18	4.5	6.5	9.0	13
	10<b≤20	7.0	10	14	20	5.0	7.0	10	14
	20<b≤40	8.0	11	16	23	6.0	8.0	12	16
50<d≤125	4≤b≤10	6.5	9.5	13	19	4.8	6.5	9.5	13
	10<b≤20	7.5	11	15	21	5.5	7.5	11	15
	20<b≤40	8.5	12	17	24	6.0	8.5	12	17
	40<b≤80	10	14	20	28	7.0	10	14	20
125<d≤280	4≤b≤10	7.0	10	14	20	5.0	7.0	10	14
	10<b≤20	8.0	11	16	22	5.5	8.0	11	16
	20<b≤40	9.0	13	18	25	6.5	9.0	13	18
	40<b≤80	10	15	21	29	7.5	10	15	21
	80<b≤160	12	17	25	35	8.5	12	17	25
280<d≤560	10<b≤20	8.5	12	17	24	6.0	8.5	12	17
	20<b≤40	9.5	13	19	27	7.0	9.5	14	19
	40<b≤80	11	15	22	33	8.0	11	16	22
	80<b≤160	13	18	26	36	9.0	13	18	26
	16<b≤250	15	21	30	43	11	15	22	30

表 7-5 F_i''、f_i'' 的数值（BG/T 10095—2008）

分度圆直径 d (mm)	法向模数 m_n (mm)	F_i''				f_i''			
		精度等级							
		5	6	7	8	5	6	7	8
5≤d≤20	0.2≤m_n≤0.5	11	15	21	30	2.0	2.5	3.5	5.0
	0.5<m_n≤0.8	12	16	23	33	2.5	4.0	5.5	7.5
	0.8<m_n≤1	12	18	25	35	3.5	5.0	7.0	10
	1<m_n≤1.5	14	19	27	38	4.5	6.5	9.0	13
20<d≤50	0.2<m_n≤0.5	13	19	26	37	2.0	2.5	3.5	5.0
	0.5<m_n≤0.8	14	2.0	28	40	2.5	4.0	5.5	7.5
	0.8<m_n≤1	15	21	30	42	3.5	5.0	7.0	10
	1<m_n≤1.5	16	23	32	45	4.5	6.5	9.0	13
	1.5<m_n≤2.5	18	26	37	52	6.5	9.5	13	19
50<d≤125	1<m_n≤1.5	19	27	39	55	4.5	6.5	9.0	13
	1.5<m_n≤2.5	22	31	43	61	6.6	9.5	13	19
	2.5<m_n≤4	25	36	51	72	10	14	20	29
	4<m_n≤6	31	44	62	88	15	22	31	44
	6<m_n≤10	40	57	80	114	24	34	48	67
125<d≤280	1<m_n≤1.5	24	34	48	68	4.5	6.5	9.0	13
	1.5<m_n≤2.5	26	3	53	75	6.5	9.5	13	19
	2.5<m_n≤4	30	43	61	86	10	15	21	29
	4<m_n≤6	36	51	72	102	15	22	48	67
	6<m_n≤10	45	64	90	127	24	34	48	67
280<d≤560	1<m_n≤1.5	30	43	61	86	4.5	6.5	9.0	13
	1.5<m_n≤2.5	33	46	65	92	6.5	9.5	13	19
	2.5<m_n≤4	37	52	73	104	10	15	21	29
	4<m_n≤6	42	60	84	119	15	22	31	44
	6<m_n≤10	51	73	103	145	24	34	48	98

2. 精度等级的选用

目前，确定齿轮精度等级多采用类比法，即根据齿轮的用途、使用要求和工作条件，类比经过实践验证的类似产品的精度进行选用。选择时可参考表 7-6。

选择时应该注意下面几点：

1）了解各级精度应用的大体情况。在标准规定的 13 个精度等级中，0～2 级为超精度级，用的很少；3～5级为高精度级；6～9级为中等精度级，使用最广；10～12级为低精度级。

2）根据使用要求，轮齿同侧齿面各项偏差的精度等级可以相同，也可以不同。

3）径向综合偏差、一齿径向综合偏差及径向跳动的精度等级应相同，但它们与轮齿同侧齿面偏差的精度等级可以相同，也可以不相同。

表7-6　不同应用场合的齿轮所采用的精度等级

应用范围	精度等级	应用范围	精度等级
测量齿轮	2～5	航空发动机	4～7
透平减速器	3～6	拖拉机	6～9
金属切削机床	3～8	通用减速器	6～8
内燃机车	6～7	轧钢机	5～10
电气机车	6～7	矿用绞车	8～10
轻型汽车	5～8	起重机械	6～10
载重汽车	6～9	农业机器	8～10

在齿轮检验时，没有必要对14个项目全部进行检测，标准规定必检项目为：齿距累积总偏差 F_P、单个齿距偏差 f_{pt}、齿廓总偏差 F_α 和螺旋线总偏差 F_β，它们分别控制运动的准确性、平稳性和接触均匀性。此外，还应检验齿厚偏差 f，以控制齿轮副侧隙。

3. 齿轮精度的标注

国家标准规定，齿轮的公差或极限偏差分为Ⅰ、Ⅱ、Ⅲ 3个公差组，见表7-7，在齿轮工作图上，应标注齿轮的精度等级和齿厚极限偏差的字母代号（或数值）。

表7-7　齿轮公差组

公差组	公差与极限偏差项目	对传动性能的主要影响
Ⅰ	F_i'、F_P、F_{Pk}、F_i''、F_r、F_w	传递运动的准确性
Ⅱ	f_i'、f_i''、f_f、$\pm f_{Pt}$、$\pm f_{Pb}$、$f_{f\beta}$	传动的平稳性，噪声，振动
Ⅲ	F_β、F_b、$\pm F_{Px}$	载荷分布的均匀性

标注示例：

1）齿轮3个公差组精度同为7级，其齿厚上偏差为 F，下偏差为 L：

$$7 \; F \; L \quad \text{GB10095-88}$$

└─ 齿厚下偏差
└── 齿厚上偏差
└─── 第Ⅰ、Ⅱ、Ⅲ公差组的精度等级

2）第Ⅰ公差组精度为7级，第Ⅱ、Ⅲ公差组精度为6级，齿厚上偏差为 G，齿厚下偏

差为 M:

3）齿轮的 3 个公差组精度同为 4 级，齿厚上偏差为 −0.330mm，下偏差为 −0.405mm:

$$4 \binom{-0.330}{-0.405} \text{GB10095-88}$$

第 I、II、III 公差组的精度等级　　　齿厚上、下偏差

知识点 4　齿轮副的公差

上面所讨论的是单个齿轮的加工误差，除此之外，齿轮副的安装误差同样影响齿轮传动的使用性能，因此对这类误差也要加以控制。齿轮副的公差级要求在指导性文件中规定。

1. 轴线平行度偏差

除单个齿轮的加工误差影响齿面的接触精度外，齿轮副轴线的平行度偏差同样影响接触精度，如图 7-3 所示。

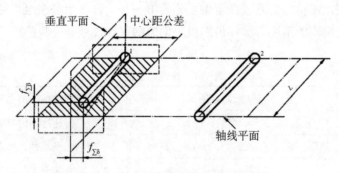

图 7-3　轴线平行度偏差和中心距公差

1）轴线平面内的轴线平行度偏差 $f_{\Sigma\delta}$，一对齿轮的轴线在两轴线公共平面内投影的平行度偏差。偏差最大推荐值为 $f_{\Sigma\delta} = (L/b) F_{\beta}$；

2）垂直平面内的轴线平行度偏差 $f_{\Sigma\beta}$，一对齿轮的轴线在两轴线公共平面的垂直面上投影的平行度偏差。偏差最大推荐值为 $f_{\Sigma\beta} = 0.5 (L/b) F_{\beta}$。

基准平面是包含基准周线，并通过另一轴线的中点所形成的平面。齿轮副的两条轴线中的任何一条均可选作基准轴线。为保证载荷分布均匀，应规定轴线的两个方向上的平行度公差为 $f_{\Sigma\delta} = 2f_{\Sigma\beta}$ 和 $f_{\Sigma\beta} = 0.5 (L/b) F_{\beta}$（式中 b 为齿宽）。

2. 中心距偏差

中心距偏差（f_a）是指在齿轮副的齿宽中间平面内，实际中心距与公称中心距之差，如图7-3所示。齿轮副的中心距偏差会影响齿轮工作时的侧隙，当实际中心距小于公称中心距时，会使工作时的侧隙减小。其允许值（极限偏差$\pm f_a$）的确定要考虑很多因素，如齿轮是否经常反转、工作温度、对运动准确性要求的程度等。

3. 接触斑点

接触斑点是指安装好的齿轮副在轻微制动下，转动后齿面上分布的接触擦亮痕迹。它是齿轮接触精度的综合评定指标，其大小在齿面展开图上用百分数计算。

 # 知识点5　齿轮检测

1. 齿轮单项偏差的测量

（1）径向跳动F_r的测量

齿圈径向跳动F_r采用齿圈径向跳动检查仪测量，如图7-4所示。

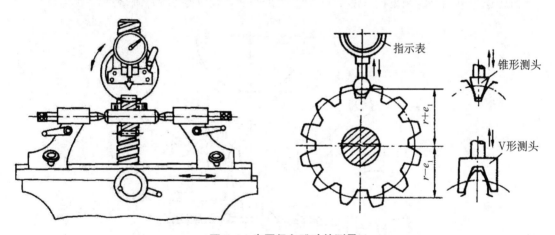

图7-4　齿圈径向跳动的测量

测量时，将被测齿轮安装在仪器上，根据被测齿轮的模数选择测头，对于齿形角为$20°$的标准齿轮或变位系数较小的齿轮，为保证球形测头在分度圆近处与齿廓接触，球测头直径可取$d_P = 1.68m$（m为被测齿轮模数），逐齿测量，记下千分表读数，读数中的最大值减去最小值即为F_r。若测量结果F_r的偏差值小于或等于规定公差值，说明该项目合格，否则不合格。

（2）公法线变动量E_{bn}的测量

公法线长度测量量具为公法线千分尺，如图7-5所示。通过测量公法线长度可以得到两项结果，即公法线变动量E_{bn}和公法线平均长度偏差E_{wm}，后者用于控制齿侧间隙的大小。

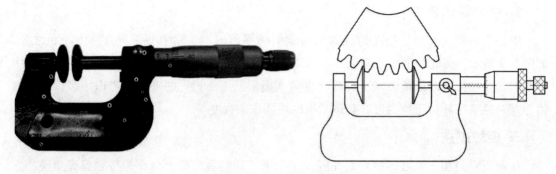

图 7-5　公法线千分尺

测量时先根据被测齿轮参数，计算公法线公称值和跨齿数；然后校对公法线千分尺零位置，一次测量齿轮公法线长度值 W_{ki}（测量全齿圈），记下读数，将记录的公法线长度最大值减去最小值，即为公法线的变动量：

$$E_{bn} = \text{Max}(W_{ki}) - \text{Min}(W_{ki})$$

若公法线长度变动值小于规定的公差值，则该项目合格，否则不合格。由于检测成本低，常代替 F_i' 或 F_p 与 F_r 组合使用。

（3）齿距累积总偏差 F_p、k 个齿距累积偏差 F_{pk} 和单个齿距偏差 f_{pt} 的测量

齿距偏差可用万能测齿仪（图 7-6）、齿轮齿距测量仪（图 7-7）测量。

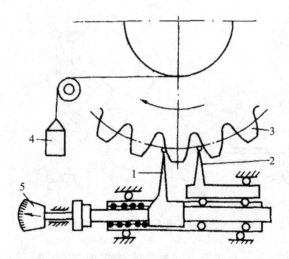

1—活动测头；2—固定测头；3—齿轮；4—重锤；5—指示表

图 7-6　万能测齿仪

图 7-7 中，使用齿轮齿距测量仪时，取齿顶圆顶上 3 点作为定位基准，利用被测齿轮任意一个齿距调整仪器对零，来比较其他各齿齿距与第一对齿距的大小，最后进行数据处理，即可得到所需测量齿距的结果。齿轮齿距测量适用于检查不高于 7 级精度的内、外啮合直齿与斜齿圆柱齿轮的齿距偏差。齿轮齿距测量仪操作简便、易于维修，可供各工厂计量室及车间使用。

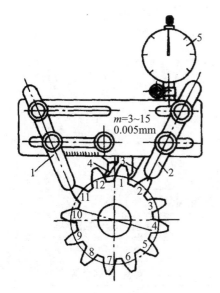

图 7-7　齿轮齿距测量仪

（4）齿廓总偏差 F_α、齿廓形状偏差 $f_{f\alpha}$、齿廓倾斜偏差 $\pm f_{H\alpha}$ 的测量

齿廓总偏差 F_α、齿廓形状偏差 $f_{f\alpha}$、齿廓倾斜偏差 $\pm f_{H\alpha}$ 的测量属于齿形测量，可分别用渐开线测量仪、万能齿形测量仪或齿轮检测中心测量，如图 7-8 所示。

检测时，不要求每个指标都检测。进行齿轮质量分级时只需测量 F_α 即可；进行工艺分析等时，可测量齿廓形状偏差 $f_{f\alpha}$、齿廓倾斜偏差 $\pm f_{H\alpha}$。

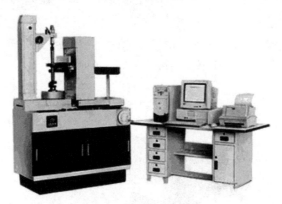

图 7-8　万能齿形测量仪

（5）螺旋线总偏差 F_β、螺旋线形状偏差 $f_{f\beta}$、螺旋线倾斜偏差 $f_{H\beta}$ 的测量

螺旋线总偏差 F_β、螺旋线形状偏差 $f_{f\beta}$、螺旋线倾斜偏差 $f_{H\beta}$ 可采用齿轮检测中心测量，绘出螺旋线图后进行评定。

当不能得到螺旋线图，或齿轮的尺寸较大、不方便在测齿机上测量时，用轴向齿距仪测量轴向齿距偏差来确定螺旋线偏差 $f_{H\beta}$。

进行齿轮质量分级时，只需测量螺旋线总偏差 F_β 即可，进行工艺分析等时，则可测量螺旋线形状偏差 $f_{f\beta}$、螺旋线倾斜偏差 $f_{H\beta}$。

从齿面法向上测得的螺旋线偏差未由检测仪器转化为端面值时，需除以 $\cos\beta_b$（β_b 为基圆螺旋角）转换成端面数值，这时才可以与给定的公差值比较。

对直齿圆柱齿轮，螺旋角 $\beta=0$，F_β 称为齿向偏差。

2. 齿轮综合偏差的测量

齿轮综合偏差采用齿轮综合检查仪来测量。齿轮综合检查仪分为单面啮合检查仪和双面啮合检查仪两种。齿轮的检验项目见表 7-8。

表 7-8 齿轮的检验项目

单项检验项目 $f_{f\alpha}$、$f_{f\beta}$	综合检验项目	
	单面啮合综合检验	双面啮合综合检验
距偏差 f_{pt}、F_{pk}、F_p	切向综合总偏差 F_i'	径向综合总偏差 F_i''
齿廓总编差 F_α	一齿切向综合偏差 f_i''	一齿径向综合偏差 f_i''
螺旋线总偏差 F_β	—	—
齿厚偏差 f	—	—
径向跳动 F_r	—	—

用单面啮合检查仪检测时，测量齿轮带动被测齿轮传动，被测齿轮的齿距、齿形、齿向、齿圈径向跳动等单项误差综合反映为转角误差。

使用双面啮合检查仪检测时，齿轮齿圈径向跳动、齿形误差等单项误差综合地反映为平行于导轨的径向变动量。

（1）切向综合总偏差 F_i'、一齿切向综合偏差 f_i' 的测量

F_i' 和 f_i' 的测量用单面啮合检测仪检测，如图 7-9 所示。

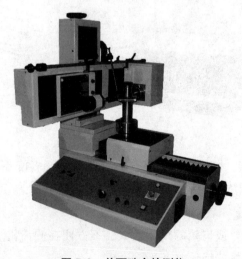

图 7-9 单面啮合检测仪

齿轮单面啮合检测仪简称单啮仪，可分为光栅式、磁栅式和惯性式几种。使用齿轮单

面啮合检查仪，当测量齿轮带动被测齿轮转动时，由被测齿轮的齿距、齿形、齿向、齿圈径向跳动等单项误差综合引起的转角误差，通过被测齿轮同轴暗转的圆光栅传感器转换成电信号输出。此电信号与测量齿轮同轴安装的圆光栅传感器输出的电信号分别经放大、整理、分频后进行比相，再由记录器记录出误差曲线图。这种齿轮检测仪一般用于测量 5～6 级精度齿轮，配对测量时可以达到更高精度。由于单面啮合检测仪价格比较昂贵，目前使用还不是很广泛。

（2）径向综合总偏差 F_i''、一齿径向综合偏差 f_i'' 的测量

F_i''、f_i'' 的测量用双面啮合检查仪（简称双啮仪）进行，如图 7-10 所示。

齿轮双面啮合检查仪工作时，测量齿轮在弹簧力的作用下与被测齿轮做双面啮合传动，后者的齿圈径向跳动、齿形误差等单项误差综合地反映为平行于导轨的径向变动量。量值由百分表指示，或由记录器记录出误差曲线圈。被测齿差：一对被测齿轮配对测量所得最大变动量分别为径向综合偏差和一齿径向总偏差；一对被测齿轮配对测量所得最大变动量即齿轮副中心距变动。双

图 7-10　双面啮合检查仪

面啮合检测仪结构简单、操作方便、测量效率高，广泛应用在大量生产中检测 7 级以下精度的齿轮。

3. 检测项目的选用

齿轮的常规检测项目分为 3 组，见表 7-7。每组均有多项指标，在评定齿轮精度时，不必每个项目都测量，根据齿轮传动的用途、生产及检测条件，在其中选择即可。以上指标加上齿侧间隙指标构成齿轮检测项目的检测组。选择检测组时，应根据齿轮的规格、用途、生产规模、精度等级、齿轮加工方式、现有计量仪器、检验目的等因素综合分析、合理选择检验指标。齿轮检测项目最终由产品供需双方协商合理确定，不是每一项指标都要检测，使用时可参考表 7-9。

表 7-9　推荐的齿轮检测组

检测组	检测项目	适用等级	测量仪器
1	F_P、F_α、F_β、F_r、Es_n 或 E_{bn}	3～9	齿距仪、齿轮检测中心、齿向仪、摆差测定仪、齿厚卡尺或公法线千分尺
2	F_P 或 F_{pk}、F_α、F_β、F_r、Es_n 或 E_{bn}	3～9	齿距仪、齿形仪、齿轮检测中心、摆差测定仪、齿厚卡尺或公法线千分尺

检测组	检测项目	适用等级	测量仪器
3	F_P、f_{Pt}、F_α、F_β、F_r、E_{sn} 或 E_{bn}	3～9	齿距仪、齿形仪、齿轮检测中心、摆差测定仪、齿厚卡尺或公法线千分尺
4	F_i''、f_i''、E_{sn} 或 E_{bn}	6～9	齿距仪、齿形仪、齿向仪、摆差测定仪、齿厚卡尺或公法线千分尺
5	f_{Pt}、F_r、E_{sn} 或 E_{bn}	10～12	双面啮合测量仪、齿厚卡尺或公法线千分尺
6	F_i'、f_i'、F_β、E_{sn} 或 E_{bn}	3～6	单啮仪、齿轮检测中心、齿厚卡尺或公法线千分尺

选择检测指标时考虑因素包括：

1）齿轮加工方式：如滚齿选公法线偏差、磨齿选齿距累积误差。

2）齿轮精度：精度要求高时应进行综合检测；精度要求低的齿轮，可不检，其精度有机床保证。

3）检验目的：终结检验考虑采用综合检测指标；工艺检验采用单项检测指标。

4）齿轮规格：齿轮公称直径 $d \leqslant 400\mathrm{mm}$ 时，将齿轮放在固定仪器上检测，$d > 400\mathrm{mm}$ 时，直接在齿轮上检测。

5）生产规模：大批生产时，考虑采用综合检测指标；小批生产时，考虑采用单项检测指标。

6）设备条件及习惯：考虑充分利用现有设备条件和生产使用习惯选用检测指标。一般，对于单个齿轮，检测单个齿距偏差、齿距累积总偏差、齿廓总偏差、螺旋线总偏差。齿距累积偏差用于高速齿轮的检测；当检测切向综合偏差时，不可检测单个齿距和齿距累积总偏差。

🌐 项目任务

任务1 直齿圆柱齿轮齿距偏差的测量

1. 任务引入

某直齿圆柱齿轮，齿轮精度为 7 级，$m=3$，$z=12$，用齿距（周节）仪测量该直齿圆柱齿轮的单个齿距偏差 f_{pt}、齿距累积总偏差 F_p。

2. 任务分析

在实际测量直齿圆柱齿轮齿距偏差时，通常采用某一齿距作为基准齿距，测量其余的齿距对基准齿距的偏差，然后通过数据处理，再求解单个齿距偏差 f_{pt} 和齿距累积总偏差 F_p。测量应在齿高中部同一圆周上进行，这就要求保证测量基准的精度。而齿轮的测量基准可选用齿轮内孔、齿顶圆和齿根圆。为了使测量基准与装配基准一致，以内孔定位最好。

用齿顶定位时，必须控制齿顶圆对内孔轴线的径向跳动。在生产中，根据所用量具的结构来确定测量基准。利用相对法测量齿距相对偏差的仪器有齿距仪和万能齿形测量仪。

使用手持式齿距仪测量齿距偏差如图 7-11 所示，以齿顶圆作为测量基准。指示表的分度值为 0.001mm，被测齿轮模数范围为 2～16mm。手持式齿距仪适用于测量 7 级及以下精度的圆柱齿轮。

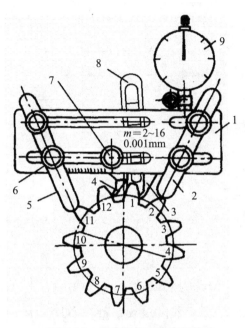

图 7-11　用齿距仪测量齿距偏差

齿距仪有 2、5 和 8 三个定位脚，用以支承仪器。测量时，调整定位脚的相对位置，使测量头 3 和 4 在分度圆附近与齿面接触。固定测量头 4 按被测齿轮模数来调整位置，活动测量头 3 则与指示表 9 相连。测量前，将两个定位脚 2、5 前端的定位爪紧靠齿轮端面，并使它们与齿顶圆接触，再用螺钉 6 固紧。然后将辅助定位脚 8 与齿顶圆接触，同样用螺钉固紧。以被测齿轮的任一齿距作为基准齿距，调整指示表 9 的零位，并且把指针压缩 1～2 圈。然后，逐齿测量 其余的齿距，指示表读数即为这些齿距与基准齿距之差，将被测得的数据记入表中。

3. 任务实施

（1）测量步骤

将固定测量头 4 按被测齿轮模数调整到模数标尺的相应刻线上，然后用螺钉 7 固紧。

调整定位脚 2 和 5 的位置，使测量头 3 和 4 在齿轮分度圆附近与两相邻同侧齿面接触，并使两接触点分别与两齿顶距离相近相等，然后用螺钉 6 固紧。最后调整辅助定位脚 8，并用螺钉固紧。

调节指示表零位。以任一齿距作为基准齿距（注上标记），将指示表 9 对准零位，然后将仪器测量头稍微移开轮齿，再重新使它们接触，以检查指示表示值的稳定性。这样重复 3 次，待指示表示值稳定后，再调节指示表 9 对准零位。

逐齿测量各齿距的相对偏差，并将测量结果记入表 7-10 中。

表 7-10　齿距偏差测量数据

齿序 n	相对齿距偏差 P_i	相对齿距累积偏差 $\sum P_i$	单个齿距偏差 f_{pti}	齿距累积总偏差 F_{pi}
1	0	0	-0.5	-0.5
2	-1	-1	-1.5	-2.0
3	-2	-3	-2.5	-4.5
4	-1	-4	-1.5	-6.0
5	-2	-6	-2.5	-8.5
6	$+3$	-3	$+2.5$	-6.0
7	$+2$	-1	$+1.5$	-4.5
8	$+3$	$+2$	$+2.5$	-2.0
9	$+2$	$+4$	$+1.5$	-0.5
10	$+4$	$+8$	$+3.5$	$+3.0$
11	-1	$+7$	-1.5	$+1.5$
12	-1	$+6$	-1.5	0
数据处理				

数据处理：

平均相对齿距偏差 $P_m = \sum P_i / z = \dfrac{6}{12} = 0.5\,\mu m$

单个齿距偏差 $f_{pti} = \sum P_i - P_m$

单个齿距偏差 $f_{pt} = \text{Max} \mid (f_{pti}) \mid = 3.5\,\mu m$

$F_p = \text{Max}(P_i) - \text{Min}(P_i) = [3 - (8.5)]\mu m = 11.5\,\mu m$

（2）测量数据的处理

齿距累积误差可以用计算法或作图法求解。

1）用计算法处理测量数据

第 2 列数据是测得的相对齿距偏差原始数据 P_i，先将由原始数据逐齿累积得到的相对齿距累积偏差 $\sum P_i$ 填入第 3 列，然后计算基准齿距对公称齿距的偏差。因为第一个齿距是任意选定的，假定它对公称齿距的偏差为 P_m，那么以后每测一齿都引入了该偏差 P_m，所以 P_m 值按下式计算：

$$P_m = \sum P_i / z$$

式中：z 为齿轮的齿数。

将各相对齿距偏差 P_i 分别减去 P_m 值，得单个齿距偏差 f_{pti}，记入表中第 4 列。其中 f_{pti} 绝对值的最大值即为被测齿轮的齿距偏差 f_{pt}，即

$$f_{pt} = \text{Max} \mid (f_{pti}) \mid$$

最后将单个齿距偏差 f_{pti} 逐齿累积，求得各齿的齿距累积总偏差，记入表中第 5 列，该列中的最大值与最小值之差，即为被测齿轮的齿距累积总误差 F_p，有

$$F_p = \text{Max}（F_{pi}）-\text{Min}（F_{pi}）$$

2）用作图法处理测量数据

以横坐标代表齿序，纵坐标代表第 3 列内的相对齿距累积误差 $\sum P_i$，绘出如图 7-12 所示的折线，连接折线首、末两点做一直线，该直线即为计算齿距累积总偏差的基准线。然后，从折线的最高点与最低点分别作出平行于上述基准线的直线。这两条平行直线间在纵坐标上的距离即为齿距累积总偏差。

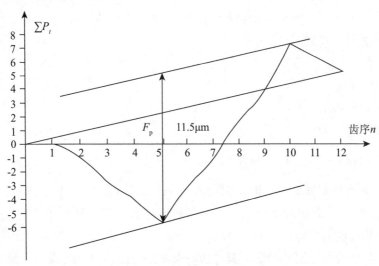

图 7-12　用作图法处理数据

（3）判断齿轮合格性

该齿轮精度等级为 7 级、分度圆直径 $d = mz = 3 \times 12 \text{mm} = 36$、模数 $m = 3\text{mm}$，由此查附表 A-14 得齿轮的齿距累积总偏差 $F_p = 30 \mu\text{m}$，单个齿距极限偏差 $f_{pt} = 11 \mu\text{m}$；与测量结果对比，即可判断该被测齿轮合格。

任务 2　直齿圆柱齿轮公法线长度变动量 E_{bn} 和公法线平均长度偏差 E_{wm} 的测量

1. 任务引入

用公法线指示卡规测量齿轮公法线长度变动量 E_{bn} 和公法线平均长度偏差 E_{wm}。

2. 任务分析

公法线长度可用公法线指示卡规（图 7-13）、公法线千分尺或万能齿形测量仪测量。

公法线指示卡规适用于测量 6～7 级精度的齿轮。测量时先按公法线长度的公称值（量块组合）调整固定卡脚到活动卡脚之间的距离，然后调整指示表的零位，活动卡脚通过杠杆与指示

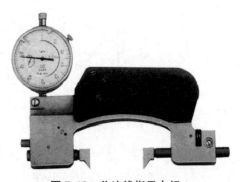

图 7-13　公法线指示卡规

表的测头相连。测量齿轮时，公法线长度的偏差可从指示表（分度值为 0.005mm）读出。

3. 任务实施

对未知模数 m，压力角 $\alpha = 20°$ 的标准直齿圆柱齿轮，测量时应先按齿轮的齿数确定跨测齿数 k，测出公法线长度 W_k 和 W_{k+1} 后，先求出基节 $P_b = W_{k+1} - W_k$，再根据 $P_b = \pi m \cos\alpha$ 确定该齿轮的模数 m；对已知模数 m 的标准直齿圆柱齿轮，直接进入下一步。

1）按公式计算直齿圆柱齿轮公法线公称长度，有

$$W_k = m\cos\alpha[\pi(k - 0.5) + z\mathrm{inv}\alpha] + 2xm\sin\alpha$$

式中：m——被测齿轮的模数（mm）；

　　　α——齿形角；

　　　x——变位系数；

　　　z——被测齿轮齿数；

　　　$\mathrm{inv}\alpha$——渐开线函数；

　　　k——跨齿数$\left(k \approx \dfrac{\alpha}{\pi} + 0.5, \text{取整}\right)$。

当 $\alpha = 20°$，变位系数 $x = 0$ 时，则：$W_k = m[1.476(2k - 1) + 0.014z]$ 其中，$k = z/9 + 0.5$，取相近整数。W_k 和 k 值也可以从表 7-2 中查出。

2）按公法线长度的公称尺寸组合量块。

3）用组合好的量块组调节固定卡脚与活动卡脚之间的距离，使指示表的指针压缩一圈后再对零。然后压紧按钮，使活动卡脚退开，取下量块组。

4）在公法线卡规的两个卡脚中卡入齿轮，沿齿圈的不同方位测量 4～5 个或以上的值（最好测量全齿圈值）。测量时应轻轻摆动卡规，按指针移动的转折点（最小值）进行读数，读出的值就是公法线长度偏差。测量时注意卡脚测量部位要与齿轮在分度圆附近相切，如图 7-14 所示。

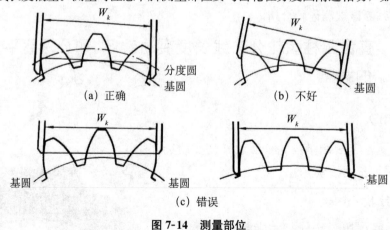

图 7-14　测量部位

5）对所有的读数值取平均值，该平均值与公法线公称值之差即为公法线平均长度偏差 E_{wm}。所有读数中最大值与最小值之差即为公法线长度变动量 E_{bn}。

6）将测量结果与齿轮图样标注的技术要求对比，判断被测齿轮的合格性。

表 A-1　标准公差数值（GB/T1800.1—2009）

基本尺寸（mm）		标准公差等级																	
大于	至	IT1	IT2	IT3	IT4	IT5	IT6	IT7	IT8	IT9	IT10	IT11	IT12	IT13	IT14	IT15	IT16	IT17	IT18
		μm											mm						
—	3	0.8	1.2	2	3	4	6	10	14	25	40	60	0.1	0.14	0.25	0.4	0.6	1	1.4
3	6	1	1.5	2.5	4	5	8	12	18	30	48	75	0.12	0.18	0.3	0.48	0.75	1.2	1.8
6	10	1	1.5	2.5	4	6	9	15	22	36	58	90	0.15	0.22	0.36	0.58	0.9	1.5	2.2
10	18	1.2	2	3	5	8	11	18	27	43	70	110	0.18	0.27	0.43	0.7	1.1	1.8	2.7
18	30	1.5	2.5	4	6	9	13	21	33	52	84	130	0.21	0.33	0.52	0.84	1.3	2.1	3.3
30	50	1.5	2.5	4	7	11	16	25	39	62	100	160	0.25	0.39	0.62	1	1.6	2.5	3.9
50	80	2	3	5	8	13	19	30	46	74	120	190	0.3	0.46	0.74	1.2	1.9	3	4.6
80	120	2.5	4	6	10	15	22	35	54	87	140	220	0.35	0.54	0.87	1.4	2.2	3.5	5.4
120	180	3.5	5	8	12	18	25	40	63	100	160	250	0.4	0.63	1	1.6	2.5	4	6.3
180	250	4.5	7	10	14	20	29	46	72	115	185	290	0.46	0.72	1.15	1.85	2.9	4.6	7.2
250	315	6	8	12	16	23	32	52	81	130	210	320	0.52	0.81	1.3	2.1	3.2	5.2	8.1
315	400	7	9	13	18	25	36	57	89	140	230	360	0.57	0.89	1.4	2.3	3.6	5.7	8.9
400	500	8	10	15	20	27	40	63	97	155	250	400	0.63	0.97	1.55	2.5	4	6.3	9.7
500	630	9	11	16	22	32	44	70	110	175	280	440	0.7	1.1	1.75	2.8	4.4	7	11
630	800	10	13	18	25	36	50	80	125	200	320	500	0.8	1.25	2	3.2	5	8	12.5
800	1000	11	15	21	28	40	56	90	140	230	360	560	0.9	1.4	2.3	3.6	5.6	9	14
2000	2500	22	30	41	55	78	110	175	280	440	700	1100	1.75	2.8	4.4	7	11	17.5	28
3150	26	36	50	68	96	135	210	330	540	860	1350	2.1	3.3	5.4	8.6	13.5	21	33	

注：① 基本尺寸大于 500mm 的 IT1 至 IT5 的标准公差数值为试行；

② 基本尺寸小于等于 1mm 时，无 IT14 至 IT18。

表 A-2　轴的基本偏差数值（公称尺寸≤500mm）（GB/T 1800.3—1998）

基本偏差数值（μm）

上偏差 es（a～h、js、j、k 所有标准公差等级）；下偏差 ei（m～zc 所有标准公差等级）。js 列：偏差等于 ±ITn/2，为 IT7 以上 IT 等级。

基本尺寸 (mm) 大于	至	a	b	c	cd	d	e	ef	f	fg	g	h	j IT5和IT6	j IT7	j IT8	k IT4至IT7	k ≤IT3,>IT7	m	n	p	r	s	t	u	v	x	y	z	za	zb	zc
—	3	−270	−140	−60	−34	−20	−14	−10	−6	−4	−2	0	−2	−4	−6	0	0	+2	+4	+6	+10	+14		+18		+20		+26	+32	+40	+60
3	6	−270	−140	−70	−46	−30	−20	−14	−10	−6	−4	0	−2	−4		+1	0	+4	+8	+12	+15	+19		+23		+28		+35	+42	+50	+80
6	10	−280	−150	−80	−56	−40	−25	−18	−13	−8	−5	0	−2	−5		+1	0	+6	+10	+15	+19	+23		+28		+34		+42	+52	+67	+97
10	14	−290	−150	−95		−50	−32		−16		−6	0	−3	−6		+1	0	+7	+12	+18	+23	+28		+33		+40		+50	+64	+90	+130
14	18	−290	−150	−95		−50	−32		−16		−6	0	−3	−6		+1	0	+7	+12	+18	+23	+28		+33	+39	+45		+60	+77	+108	+150
18	24	−300	−160	−110		−65	−40		−20		−7	0	−4	−8		+2	0	+8	+15	+22	+28	+35		+41	+47	+54	+63	+73	+98	+136	+188
24	30	−300	−160	−110		−65	−40		−20		−7	0	−4	−8		+2	0	+8	+15	+22	+28	+35	+41	+48	+55	+64	+75	+88	+118	+160	+218
30	40	−310	−170	−120		−80	−50		−25		−9	0	−5	−10		+2	0	+9	+17	+26	+34	+43	+48	+60	+68	+80	+94	+112	+148	+200	+274
40	50	−320	−180	−130		−80	−50		−25		−9	0	−5	−10		+2	0	+9	+17	+26	+34	+43	+54	+70	+81	+97	+114	+136	+180	+242	+325
50	65	−340	−190	−140		−100	−60		−30		−10	0	−7	−12		+2	0	+11	+20	+32	+41	+53	+66	+87	+102	+122	+144	+172	+226	+300	+405
65	80	−360	−200	−150		−100	−60		−30		−10	0	−7	−12		+2	0	+11	+20	+32	+43	+59	+75	+102	+120	+146	+174	+210	+274	+360	+480
80	100	−380	−220	−170		−120	−72		−36		−12	0	−9	−15		+3	0	+13	+23	+37	+51	+71	+91	+124	+146	+178	+214	+258	+335	+445	+585
100	120	−410	−240	−180		−120	−72		−36		−12	0	−9	−15		+3	0	+13	+23	+37	+54	+79	+104	+144	+172	+210	+254	+310	+400	+525	+690
120	140	−460	−260	−200		−145	−85		−43		−14	0	−11	−18		+3	0	+15	+27	+43	+63	+92	+122	+170	+202	+248	+300	+365	+470	+620	+800
140	160	−520	−280	−210		−145	−85		−43		−14	0	−11	−18		+3	0	+15	+27	+43	+65	+100	+134	+190	+228	+280	+340	+415	+535	+700	+900
160	180	−580	−310	−230		−145	−85		−43		−14	0	−11	−18		+3	0	+15	+27	+43	+68	+108	+146	+210	+252	+310	+380	+465	+600	+780	+1000
180	200	−660	−340	−240		−170	−100		−50		−15	0	−13	−21		+4	0	+17	+31	+50	+77	+122	+166	+236	+284	+350	+425	+520	+670	+880	+1150
200	225	−740	−380	−260		−170	−100		−50		−15	0	−13	−21		+4	0	+17	+31	+50	+80	+130	+180	+258	+310	+385	+470	+575	+740	+960	+1250
225	250	−820	−420	−280		−170	−100		−50		−15	0	−13	−21		+4	0	+17	+31	+50	+84	+140	+196	+284	+340	+425	+520	+640	+820	+1050	+1350
250	280	−920	−480	−300		−190	−110		−56		−17	0	−16	−26		+4	0	+20	+34	+56	+94	+158	+218	+315	+385	+475	+580	+710	+920	+1200	+1550
280	315	−1050	−540	−330		−190	−110		−56		−17	0	−16	−26		+4	0	+20	+34	+56	+98	+170	+240	+350	+425	+525	+650	+790	+1000	+1300	+1700
315	355	−1200	−600	−360		−210	−125		−62		−18	0	−18	−28		+4	0	+21	+37	+62	+108	+190	+268	+390	+475	+590	+730	+900	+1150	+1500	+1900
355	400	−1350	−680	−400		−210	−125		−62		−18	0	−18	−28		+4	0	+21	+37	+62	+114	+208	+294	+435	+530	+660	+820	+1000	+1300	+1650	+2100
400	450	−1500	−760	−440		−230	−135		−68		−20	0	−20	−32		+5	0	+23	+40	+68	+126	+232	+330	+490	+595	+740	+920	+1100	+1450	+1850	+2400
450	500	−1650	−840	−480		−230	−135		−68		−20	0	−20	−32		+5	0	+23	+40	+68	+132	+252	+360	+540	+660	+820	+1000	+1250	+1600	+2100	+2600

注：① 基本尺寸小于等于 1mm 时，基本偏差 a 和 b 均不采用；

② 公差带 js7 至 js11，若 ITn 数值是奇数，则取偏差 = ±$\dfrac{ITn-1}{2}$。

表 A-3　孔的基本偏差数值（公称尺寸≤500mm）（GB/T 1800.3—1998）

基本偏差数值（μm）

基本尺寸 (mm) 大于	至	下偏差 EI (所有标准公差等级)												上偏差 ES									上偏差 ES (标准公差等级大于 IT7)												Δ 值 (标准公差等级)					
		A	B	C	CD	D	E	EF	F	FG	G	H	JS	J IT6	J IT7	J IT8	K ≤IT8	K >IT8	M ≤IT8	M >IT8	N ≤IT8	N >IT8	P	R	S	T	U	V	X	Y	Z	ZA	ZB	ZC	IT3	IT4	IT5	IT6	IT7	IT8
—	3	+270	+140	+60	+34	+20	+14	+10	+6	+4	+2	0		+2	+4	+6	0	0	−2	−2	−4	−4	−6	−10	−14		−18		−20		−26	−32	−40	−60	0	0	0	0	0	0
3	6	+270	+140	+70	+46	+30	+20	+14	+10	+6	+4	0		+5	+6	+10	−1+Δ	0	−4+Δ	−4	−8+Δ	0	−12	−15	−19		−23		−28		−35	−42	−50	−80	1	1.5	1	3	4	6
6	10	+280	+150	+80	+56	+40	+25	+18	+13	+8	+5	0		+5	+8	+12	−1+Δ	0	−6+Δ	−6	−10+Δ	0	−15	−19	−23		−28		−34		−42	−52	−67	−97	1	1.5	2	3	6	7
10	14	+290	+150	+95		+50	+32		+16		+6	0		+6	+10	+15	−1+Δ	0	−7+Δ	−7	−12+Δ	0	−18	−23	−28		−33		−40		−50	−64	−90	−130	1	2	3	3	7	9
14	18	+290	+150	+95		+50	+32		+16		+6	0		+6	+10	+15												−39	−45		−60	−77	−108	−150						
18	24	+300	+160	+110		+65	+40		+20		+7	0		+8	+12	+20	−2+Δ	0	−8+Δ	−8	−15+Δ	0	−22	−28	−35		−41	−47	−54	−63	−73	−98	−136	−188	1.5	2	3	4	8	12
24	30	+300	+160	+110		+65	+40		+20		+7	0		+8	+12	+20										−41	−48	−55	−64	−75	−88	−118	−160	−218						
30	40	+310	+170	+120		+80	+50		+25		+9	0		+10	+14	+24	−2+Δ	0	−9+Δ	−9	−17+Δ	0	−26	−34	−43	−48	−60	−68	−80	−94	−112	−148	−200	−274	1.5	3	4	5	9	14
40	50	+320	+180	+130		+80	+50		+25		+9	0		+10	+14	+24										−54	−70	−81	−97	−114	−136	−180	−242	−325						
50	65	+340	+190	+140		+100	+60		+30		+10	0		+13	+18	+28	−2+Δ	0	−11+Δ	−11	−20+Δ	0	−32	−41	−53	−66	−87	−102	−122	−144	−172	−226	−300	−405	2	3	5	6	11	16
65	80	+360	+200	+150		+100	+60		+30		+10	0		+13	+18	+28								−43	−59	−75	−102	−120	−146	−174	−210	−274	−360	−480						
80	100	+380	+220	+170		+120	+72		+36		+12	0		+16	+22	+34	−3+Δ	0	−13+Δ	−13	−23+Δ	0	−37	−51	−71	−91	−124	−146	−178	−214	−258	−335	−445	−585	2	4	5	7	13	19
100	120	+410	+240	+180		+120	+72		+36		+12	0		+16	+22	+34								−54	−79	−104	−144	−172	−210	−254	−310	−400	−525	−690						
120	140	+460	+260	+200		+145	+85		+43		+14	0		+18	+26	+41	−3+Δ	0	−15+Δ	−15	−27+Δ	0	−43	−63	−92	−122	−170	−202	−248	−300	−365	−470	−620	−800	3	4	6	7	15	23
140	160	+520	+280	+210		+145	+85		+43		+14	0		+18	+26	+41								−65	−100	−134	−190	−228	−280	−340	−415	−535	−700	−900						
160	180	+580	+310	+230		+145	+85		+43		+14	0		+18	+26	+41								−68	−108	−146	−210	−252	−310	−380	−465	−600	−780	−1000						
180	200	+660	+340	+240		+170	+100		+50		+15	0		+22	+30	+47	−4+Δ	0	−17+Δ	−17	−31+Δ	0	−50	−77	−122	−166	−236	−284	−350	−425	−520	−670	−880	−1150	3	4	6	9	17	26
200	225	+740	+380	+260		+170	+100		+50		+15	0		+22	+30	+47								−80	−130	−180	−258	−310	−385	−470	−575	−740	−960	−1250						
225	250	+820	+420	+280		+170	+100		+50		+15	0		+22	+30	+47								−84	−140	−196	−284	−340	−425	−520	−640	−820	−1050	−1350						
250	280	+920	+480	+300		+190	+110		+56		+17	0		+25	+36	+55	−4+Δ	0	−20+Δ	−20	−34+Δ	0	−56	−94	−158	−218	−315	−385	−475	−580	−710	−920	−1200	−1550	4	4	7	9	20	29
280	315	+1050	+540	+330		+190	+110		+56		+17	0		+25	+36	+55								−98	−170	−240	−350	−425	−525	−650	−790	−1000	−1300	−1700						
315	355	+1200	+600	+360		+210	+125		+62		+18	0		+29	+39	+60	−4+Δ	0	−21+Δ	−21	−37+Δ	0	−62	−108	−190	−268	−390	−475	−590	−730	−900	−1150	−1500	−1900	4	5	7	11	21	32
355	400	+1350	+680	+400		+210	+125		+62		+18	0		+29	+39	+60								−114	−208	−294	−435	−530	−660	−820	−1000	−1300	−1650	−2100						
400	450	+1500	+760	+440		+230	+135		+68		+20	0		+33	+43	+66	−5+Δ	0	−23+Δ	−23	−40+Δ	0	−68	−126	−232	−330	−490	−595	−740	−920	−1100	−1450	−1850	−2400	5	5	7	13	23	34
450	500	+1650	+840	+480		+230	+135		+68		+20	0		+33	+43	+66								−132	−252	−360	−540	−660	−820	−1000	−1250	−1600	−2100	−2600						

注：其中 JS 列：偏差等于±ITn/2，式中 ITn 是 IT 值数。
K 列 >IT8 及 P 至 ZC 列 ≤IT7：在大于 IT7 的相应数值上增加一个 Δ 值。

注：① 1mm 以下各级 A 和 B 均不采用；
② 标准公差≤IT8 级的 K、M、N 及 N 及≤IT7 级的 P 到 ZC 时，从表的右侧选取 Δ 值。例：在 18mm～30mm 的 P7，Δ＝8μm，因此 ES＝−22+8＝−14μm。

表 A-4 直线度、平面度公差值

主参数 L（mm）	公差等级											
	1	2	3	4	5	6	7	8	9	10	11	12
	公差值（μm）											
≤10	0.2	0.4	0.8	1.2	2	3	5	8	12	20	30	60
>10~16	0.25	0.5	1	1.5	2.5	4	6	10	15	25	40	80
>16~25	0.3	0.6	1.2	2	3	5	8	12	20	30	50	100
>25~40	0.4	0.8	1.5	2.5	4	6	10	15	25	40	60	120
>40~63	0.5	1	2	3	5	8	12	20	30	50	80	150
>63~100	0.6	1.2	2.5	4	6	10	15	25	40	60	100	200

注：主参数 L 系轴、直线、平面的长度。

表 A-5 圆度、圆柱度公差值

主参数 d (D)（mm）	公差等级												
	0	1	2	3	4	5	6	7	8	9	10	11	12
	公差值（μm）												
≤3	0.1	0.2	0.3	0.5	0.8	1.2	2	3	4	6	10	14	25
>3~6	0.1	0.2	0.3	0.6	1	1.5	2.5	4	5	8	12	18	30
>6~10	0.12	0.25	0.4	0.6	1	1.5	2.5	4	6	9	15	22	36
>10~18	0.15	0.25	0.5	0.8	1.2	2	3	5	8	11	18	27	43
>18~30	0.2	0.3	0.6	1	1.5	2.5	4	6	9	13	21	33	52
>30~50	0.25	0.4	0.6	1	1.5	2.5	4	7	11	16	25	39	62
>50~80	0.3	0.5	0.8	1.2	2	3	5	8	13	19	30	46	74

表 A-6 平行度、垂直度、倾斜度公差值

主参数 L、d (D)（mm）	公差等级											
	1	2	3	4	5	6	7	8	9	10	11	12
	公差值/μm											
≤10	0.4	0.8	1.5	3	5	8	12	20	30	50	80	120
>10~16	0.5	1	2	4	6	10	15	25	40	60	100	150

主参数 L、d (D)（mm）	公差等级											
	1	2	3	4	5	6	7	8	9	10	11	12
	公差值/μm											
>16～25	0.6	1.2	2.5	5	8	12	20	30	50	80	120	200
>25～40	0.8	1.5	3	6	10	15	25	40	60	100	150	250
>40～63	1	2	4	8	12	20	30	50	80	120	200	300
>63～100	1.2	2.5	5	10	15	25	40	60	100	150	250	400

注：① 主参数 L 为给定平行度时轴线或平面的长度，或给定垂直度、倾斜度时被测要素的长度；
② 主参数 d (D) 为给定面对线垂直度时，被测要素的轴（孔）直径。

表 A-7　同轴度、对称度、圆跳动和全跳动公差值

主参数 d (D)、B、L（mm）	公差等级											
	1	2	3	4	5	6	7	8	9	10	11	12
	公差值（μm）											
≤1	0.4	0.6	1.0	1.5	2.5	4	6	10	15	25	40	60
≥1～3	0.4	0.6	1.0	1.5	2.5	4	6	10	20	40	60	120
>3～6	0.5	0.8	1.2	2	3	5	8	12	25	50	80	150
>6～10	0.6	1	1.5	2.5	4	6	10	15	30	60	100	200
>10～18	0.8	1.2	2	3	5	8	12	20	40	80	120	250
>18～30	1	1.5	2.5	4	6	10	15	25	50	100	150	300
>30～50	1.2	2	3	5	8	12	20	30	60	120	200	400
>50～120	1.5	2.5	4	6	10	15	25	40	80	150	250	500

注：① 主参数 d (D) 为给定同轴度时轴直径，或给定圆跳动、全跳动时轴（孔）直径；
② 圆锥体斜向圆跳动公差的主参数为平均直径；
③ 主参数 B 为给定对称度时槽的宽度；
④ 主参数 L 为给定两孔对称度时的孔心距。

对于位置度，由于被测要素类型繁多，国家标准只规定了公差值数系，而未规定公差等级，见表 A-8。

表 A-8　位置度公差指数系表

1	1.2	1.5	2	2.5	3	4	5	6	8
1×10^n	1.2×10^n	1.5×10^n	2×10^n	2.5×10^n	3×10^n	4×10^n	5×10^n	6×10^n	8×10^n

注：n 为正整数。

表 A-9　普通螺纹的公称尺寸（GB/T 196—2003）　　　　单位：mm

公称直径（大径）D、d	螺距 P	中径 D_2、d_2	小径 D_1、d_1	公称直径（大径）D、d	螺距 P	中径 D_2、d_2	小径 D_1、d_1
1	0.25	0.838	0.729	22	1.5	21.026	20.376
1.2	0.25	1.038	0.929		2.5	20.376	19.294
1.4	0.3	1.205	1.075	24	2	22.701	21.835
1.6	0.35	1.373	1.221		3	22.051	20.752
2	0.4	1.740	1.567	27	2	25.701	24.835
2.5	0.45	2.208	2.013		3	25.051	23.752
3	0.5	2.675	2.459	30	2	28.701	27.835
3.5	0.6	3.110	2.850		3.5	27.727	26.211
4	0.7	3.545	3.242	33	2	31.701	30.835
4.5	0.75	4.013	3.688		3.5	30.727	29.211
5	0.8	4.480	4.134	36	3	34.051	32.752
6	1	5.350	4.917		4	33.402	31.670
8	1	7.35	6.917	39	3	37.051	35.752
	1.25	7.188	6.647		4	36.402	34.670
10	1	9.350	8.917	42	3	40.051	38.752
	1.25	9.188	8.647		4.5	39.077	37.129
	1.5	9.026	8.376	45	3	43.051	41.752
12	1.25	11.188	10.647		4.5	42.077	40.129
	1.5	11.026	10.376	48	3	46.051	44.752
	1.75	10.863	10.106		5	44.752	42.587
14	1.5	13.026	12.376	52	4	49.402	47.670
	2	12.701	11.835		5	48.752	46.587
16	1.5	15.026	14.376	56	4	53.402	51.670
	2	14.701	13.835		5.5	52.428	50.046
18	2.5	16.376	15.294	60	4	57.402	55.670
20	1.5	19.026	18.376		5.5	56.428	54.046
	2	18.701	17.835	64	4	61.402	59.670
	2.5	18.376	17.294		6	60.103	57.505

表 A-10 普通螺纹的顶径公差

螺距 P（mm）	内螺纹小径公差 TD_1（μm）					外螺纹大径公差 Td_1（μm）		
	4	5	6	7	8	4	6	8
0.2	38	48	—	—	—	36	56	—
0.25	45	56	71	—	—	42	67	—
0.3	53	67	85	—	—	48	75	—
0.35	63	80	100	—	—	53	85	—
0.4	71	90	112	—	—	60	95	—
0.45	80	100	125	—	—	63	100	—
0.5	90	112	140	180	—	67	106	—
0.6	100	125	160	200	—	80	125	—
0.7	112	140	180	224	—	90	140	—
0.75	118	150	190	236	—	90	140	—
0.8	125	160	200	250	315	95	150	236
1	150	190	236	300	375	112	180	280
1.25	170	212	265	335	425	132	212	335
1.5	190	236	300	375	474	150	236	375
1.75	212	265	335	425	586	170	265	425
2	236	300	375	475	600	180	280	450
2.5	280	355	450	560	710	212	335	530
3	315	400	500	630	800	236	375	600
3.5	355	450	560	710	900	265	425	679
4	375	475	600	750	950	300	475	750
4.5	425	530	670	850	1060	315	500	800
5	450	560	710	900	1120	335	530	850
5.5	475	600	750	950	1180	355	560	900
6	500	630	800	1000	1250	375	600	950

表 A-11　普通螺纹的中径公差

公称直径 D（mm）		螺距 P（mm）	内螺纹中径公差 TD_2（μm）					外螺纹中径公差 Td_2（μm）						
>	≤		4	5	6	7	8	3	4	5	6	7	8	9
0.99	1.4	0.2	40	—	—	—	—	24	30	38	48	—	—	—
		0.25	45	56				26	34	42	53	—	—	—
		0.3	48	60	75			28	36	45	56			
1.4	2.8	0.2	42	—	—	—	—	25	32	40	50			
		0.25	48	60	—	—	—	28	36	45	56	—	—	—
		0.35	53	67	85			32	40	50	63	80		
		0.4	56	71	90	—		34	42	53	67	85		
		0.45	60	75	95			36	45	56	71	90	—	—
2.8	5.6	0.35	56	71	90			34	42	53	67	85	—	—
		0.5	63	83	100	125		38	48	60	75	95		
		0.6	71	90	112	140	—	42	53	67	85	106		
		0.7	75	95	118	150	—	45	56	71	90	112	—	—
		0.75	75	95	118	150		45	56	71	90	112		
		0.8	80	100	125	160	200	48	60	75	95	118	150	190
5.6	11.2	0.5	71	90	112	140	—	42	53	67	85	106	—	—
		0.75	85	106	132	170	—	50	63	80	100	125	—	—
		1	95	118	150	190	236	56	71	90	112	140	180	224
		1.25	100	125	160	200	250	60	75	95	118	150	190	236
		1.5	112	140	180	224	280	67	85	106	132	170	212	265
11.2	22.4	0.5	75	95	118	150	—	45	56	71	90	112	—	—
		0.75	90	112	140	180	—	53	67	85	106	132	—	—
		1	100	125	160	200	250	60	75	95	118	150	190	236
		1.25	112	140	180	224	280	67	85	106	132	170	212	265
		1.5	118	150	190	236	300	71	90	112	140	180	224	280
		1.75	125	160	200	250	315	75	95	118	150	190	236	300
		2	132	170	212	265	335	80	100	125	160	200	250	315
		2.5	140	180	224	280	355	85	106	132	170	212	265	335

公称直径 D（mm）		螺距 P（mm）	内螺纹中径公差 TD_2（μm）					外螺纹中径公差 Td_2（μm）						
>	≤		4	5	6	7	8	3	4	5	6	7	8	9
22.4	45	0.75	95	118	150	190	—	56	71	90	112	140	—	—
		1	106	132	170	212	—	63	80	100	125	160	200	250
		1.5	125	160	200	250	315	75	95	118	150	190	236	300
		2	140	180	224	280	355	85	106	132	170	212	265	335
		3	170	212	265	335	425	100	125	160	200	250	315	400
		3.5	180	224	280	355	450	106	132	170	212	265	335	425
		4	190	236	300	375	475	112	140	180	224	280	355	450
		4.5	200	250	315	400	500	118	150	190	236	300	375	475
45	90	1	118	150	180	236	—	71	90	112	140	180	224	—
		1.5	132	170	212	265	335	80	100	125	160	200	250	315
		2	150	190	236	300	375	90	112	140	180	224	280	355
		3	180	224	280	355	450	106	132	170	212	265	335	425
		4	200	250	315	400	500	118	150	190	236	300	375	475
		5	212	265	335	425	530	125	160	200	250	315	400	500
		5.5	224	280	355	450	560	132	170	212	265	335	425	530
		6	236	300	375	475	600	140	180	224	280	355	450	560
90	180	1.5	140	180	224	280	355	85	106	132	170	212	265	335
		2	160	200	250	315	400	95	118	150	190	236	300	375
		3	190	236	300	375	475	112	140	180	224	280	355	450
		4	212	265	335	425	530	125	160	200	250	315	400	500
		6	250	315	400	500	630	150	190	236	300	375	475	600
180	355	2	180	224	280	355	450	106	132	170	212	265	335	425
		3	212	265	335	425	530	125	160	200	250	315	400	500
		4	236	300	375	475	600	140	180	224	280	355	450	560
		6	265	335	425	530	670	160	200	250	315	400	500	630

表 A-12 普通螺纹的基本偏差

螺距 P（mm）	内螺纹基本偏差 EI（μm）		外螺纹基本偏差 es（μm）			
	G	H	e	f	g	h
0.2	+17		—	—	−17	
0.25	+18		—	—	−18	
0.3	+18		—	—	−18	
0.35	+19		—	−34	−19	
0.4	+19		—	−34	−19	
0.45	+20		—	−35	−20	
0.5	+20		−50	−36	−20	
0.6	+21		−53	−36	−21	
0.7	+22		−56	−38	−22	
0.75	+22		−56	−38	−22	
0.8	+24		−60	−38	−24	
1	+26	0	−60	−40	−26	0
1.25	+28		−63	−42	−28	
1.5	+32		−67	−45	−32	
1.75	+34		−71	−48	−34	
2	+38		−71	−52	−38	
2.5	+42		−80	−58	−42	
3	+48		−85	−63	−48	
3.5	+53		−90	−70	−38	
4	+60		−95	−75	−42	
4.5	+63		−100	−80	−48	
5	+71		−106	−85	−71	
5.5	+75		−112	−90	−75	
6	+80		−118	−95	−80	

表 A-13 螺纹的旋合长度 (GB/T 197—2003) 单位：mm

公称直径 D、d	螺距 P	旋合长度 S ≤	S >	N ≤	N >	公称直径 D、d	螺距 P	旋合长度 S ≤	S >	N ≤	N >
>0.99~1.4	0.2	0.5	0.5	1.4	1.4	>11.2~22.4	2.5	10	10	30	30
	0.25	0.6	0.6	1.7	1.7		0.75	3.1	3.1	9.4	9.4
	0.3	0.7	0.7	2	2		1	4	4	12	12
>1.4~2.8	0.2	0.5	0.5	1.5	1.5		1.5	6.3	6.3	19	19
	0.25	0.6	0.6	1.9	1.9	>22.4~45	2	8.5	8.5	25	25
	0.35	0.5	0.8	2.6	2.6		3	12	12	36	36
	0.4	1	1	3	3		3.5	15	15	45	45
	0.45	1.3	1.3	3.8	3.8		4	18	18	53	53
>2.8~5.6	0.35	1	1	3	3		4.5	21	21	63	63
	0.5	1.5	1.5	4.5	4.5		1	4.8	4.8	14	14
	0.6	1.7	1.7	5	5		1.5	7.5	7.5	22	22
	0.7	2	2	6	6		2	9.5	9.5	28	28
	0.75	2.2	2.2	6.7	6.7	>45~90	3	15	15	45	45
	0.8	2.5	2.5	7.5	7.5		4	19	19	56	56
>5.6~11.2	0.5	1.6	1.6	4.7	4.7		5	24	24	71	71
	0.75	2.4	2.4	7.1	7.1		5.5	28	28	85	85
	1	3	3	9	9		6	32	32	95	95
	1.25	4	4	12	12		1.5	8.3	8.3	25	25
	1.5	5	5	15	15		2	12	12	36	36
>11.2~22.4	0.5	1.8	1.8	5.4	5.4	>90~180	3	18	18	53	53
	0.75	2.7	2.7	8.1	8.1		4	24	24	71	71
	1	3.8	3.8	11	11		6	36	36	106	106
	1.25	4.5	4.5	13	13		2	13	13	38	38
	1.5	5.6	5.6	16	16	>180~355	3	20	20	60	60
	1.75	6	6	18	18		4	26	26	80	80
	2	8	8	24	24		6	40	40	118	118

表 A-14 $m=1$，$\alpha=20°$ 的标准直齿圆柱齿轮的公法线长度理论公称值

齿数 Z	跨测齿数	公法线长度值 W_k（mm）	齿数 Z	跨测齿数	公法线长度值 W_k（mm）	齿数 Z	跨测齿数	公法线长度值 W_k（mm）
10		4.5683	46		16.8810	82		29.1937
11		4.5823	47		16.8950	83		29.2077
12		4.5963	48		16.9090	84		29.2217
13		4.6103	49		16.9230	85		29.2357
14	2	4.6243	50	6	16.9370	86	10	29.2497
15		4.6383	51		16.9510	87		29.2637
16		4.6523	52		16.9650	88		29.2777
17		4.6663	53		16.9790	89		29.2917
18		4.6803	54		16.9930	90		29.3057
19		7.6464	55		19.9591	91		32.2719
20		7.6604	56		19.9732	92		32.2859
21		7.6744	57		19.9872	93		32.2999
22		7.6884	58		20.0012	94		32.3139
23	3	7.7025	59	7	20.0152	95	11	32.3279
24		7.7165	60		20.0292	96		32.3419
25		7.7305	61		20.0432	97		32.3559
26		7.7445	62		20.0572	98		32.3699
27		7.7585	63		20.0712	99		32.3839
28		10.7246	64		23.0373	100		35.3500
29		10.7386	65		23.0513	101		35.3641
30		10.7526	66		23.0653	102		35.3781
31		10.7666	67		23.0793	103		35.3921
32	4	10.7806	68	8	23.0933	104	12	35.4016
33		10.7946	69		23.1074	105		35.4201
34		10.8086	70		23.1214	106		35.4341
35		10.8226	71		23.1354	107		35.4481
36		10.8367	72		23.1494	108		35.5572
37		13.8028	73		26.1155	109		38.4282
38		13.8168	74		26.1295	110		38.4422
39		13.8308	75		26.1435	111		38.4563
40		13.8448	76		26.1575	112		38.4703
41	5	13.8588	77	9	26.1715	113	13	38.4843
42		13.8728	78		26.1855	114		38.4983
43		13.8868	79		26.1995	115		38.5123
44		13.9008	80		26.2135	116		38.5263
45		13.9148	81		26.2275	117		38.5403
118		41.5064	145		50.7410	172		59.9755
119		41.5205	146		50.7550	173		59.9895
120		41.5344	147		50.7690	174		60.0035
121		41.5484	148		50.7830	175		60.0175
122	14	41.5626	149	17	50.7970	176	20	60.0315
123		41.5765	150		50.8110	177		60.0456
124		41.5905	151		50.8250	178		60.0596
125		41.6045	152		50.8390	179		60.0736
126		41.6185	153		50.8530	180		60.0876

齿数 Z	跨测齿数	公法线长度值 W_k（mm）	齿数 Z	跨测齿数	公法线长度值 W_k（mm）	齿数 Z	跨测齿数	公法线长度值 W_k（mm）
127		44.5846	154		53.8192	181		63.0537
128		44.5986	155		53.8332	182		63.0677
129		44.6126	156		53.8472	183		63.0817
130		44.6266	157		53.8612	184		63.0957
131	15	44.6406	158	18	53.8752	185	21	63.1097
132		44.6546	159		53.8892	186		63.1237
133		44.6686	160		53.9032	187		63.1377
134		44.6826	161		53.9172	188		63.1517
135		44.6966	162		53.9312	189		63.1657
136		47.6628	163		56.8973	190		66.1319
137		47.6768	164		56.9113	191		66.1459
138		47.6908	165		56.9254	192		66.1599
139		47.7048	166		56.9394	193		66.1739
140	16	47.7188	167	19	56.9534	194	22	66.1879
141		47.7328	168		56.9674	195		66.2019
142		47.7468	169		56.9814	196		66.2159
143		47.7608	170		56.9954	197		66.2299
144		47.7748	171		57.0094	198		66.2439
						199	23	69.2101
						200		69.2241

注：对于其他模数的齿轮，将表中的数值乘以模数。

附录 B

引用标准：

GB/T 1800.1—2009 《产品几何级数规范（GPS）极限与配合 第 1 部分：公差、偏差和配合基础》

GB/T 1800.2—2009 《产品几何级数规范（GPS）极限与配合 第 2 部分：标准公差等级和孔、轴极限偏差表》

GB/T 1801—2009 《产品几何级数规范（GPS）极限与配合 公差带和配合的选择》

GB/T 1804—2000 《一般公差 未注公差的线性和角度尺寸的公差》

GB/T 1182—2008 《产品几何级数规范（GPS）几何公差形状、方向、位置和跳动公差标注》

GB/T 3505—2009 《产品几何级数规范（GPS）表面结构、轮廓法、术语、定义及表面结构参数》

GB/T 131—2006 《产品几何级数规范（GPS）技术产品文件中表面结构的表示法》

GB/T 1031—1995 《表面粗糙度 参数及其数值》

GB/T 1995—2003 《平键 键槽的剖面尺寸》

GB/T 1144—2001 《矩形花键尺寸、公差和检验》

GB/T 197—2003 《普通螺纹 公差》

GB/T 192—2003 《普通螺纹 基本牙型》

GB/T 196—2003 《普通螺纹 基本尺寸》

GB/T 275—1993 《滚动轴承与轴和外壳孔的配合》

GB/T 10095.1—2008 《渐开线圆柱齿轮 精度制 第 1 部分：齿轮同侧齿面偏差的定义和允许值》

GB/T 10095.2—2008 《渐开线圆柱齿轮 精度制 第 2 部分：径向综合与径向跳动的定义与允许值》

GB/T 1957—2006 《光滑极限规 工作条件》

参考文献：

[1] 吴艳红 . 极限配合与技术测量 [M] . 北京：中国铁道出版社，2010.

[2] 吕天玉 . 公差配合与测量技术 [M] . 大连：大连理工大学出版社，2008.

[3] 王伯平 . 互换性与测量技术基础 [M] . 北京：机械工业出版社，2008.

[4] 姚云英 . 公差配合与测量技术 [M] . 北京：机械工业出版社，2005.

[5] 黄云清 . 公差配合与测量技术 [M] . 北京：机械工业出版社，2005.

[6] 刘品，徐晓希 . 机械精度设计与测量 [M] . 哈尔滨：哈尔滨工业大学出版社，2004.